YUANZHU JIEGOU SHEJI ZHINAN

原竹结构设计指南

《原竹结构设计指南》编委会　著

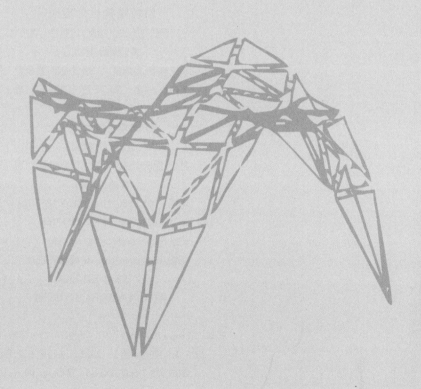

重庆大学出版社

图书在版编目(CIP)数据

原竹结构设计指南/《原竹结构设计指南》编委会
著. -- 重庆：重庆大学出版社，2022.9
ISBN 978-7-5689-2859-5

Ⅰ.①原… Ⅱ.①原… Ⅲ.①竹结构—建筑设计—指
南 Ⅳ.①TU366.1-62

中国版本图书馆 CIP 数据核字(2021)第 139398 号

原竹结构设计指南

《原竹结构设计指南》编委会　著

策划编辑:林青山

责任编辑:肖乾泉　　版式设计:肖乾泉

责任校对:姜　凤　　责任印制:赵　晟

*

重庆大学出版社出版发行

出版人:饶帮华

社址:重庆市沙坪坝区大学城西路 21 号

邮编:401331

电话:(023) 88617190　　88617185(中小学)

传真:(023) 88617186　　88617166

网址:http://www.cqup.com.cn

邮箱:fxk@ cqup.com.cn(营销中心)

全国新华书店经销

重庆市美尚印务有限公司印刷

*

开本:787mm×1092mm　1/16　印张:6.75　字数:149 千

2022 年 9 月第 1 版　　2022 年 9 月第 1 次印刷

ISBN 978-7-5689-2859-5　定价:49.00 元

《原竹结构设计指南》
编委会

（按姓氏笔画排序）

王维说　田黎敏　吕清芳　刘鹏程

何子奇　卓　新　周　浪　周期石

柏文峰　秦盈盈　程　睿　魏奇科

前　言

　　原竹结构因取材方便、材料力学性能优良在国内外低层建筑和特色建筑中具有较多的应用。但竹材具有易虫蛀、霉变、开裂等缺陷，降低了原竹结构的耐久性，致使原竹结构的发展和应用受限。随着竹材预处理工艺水平的提高及新型原竹结构体系的研发，原竹结构的耐久性得到极大的提升，并呈现出良好的应用前景。

　　本书在总结原竹结构的相关文献资料的基础上，纳入了编委会成员的最新研究成果，对原竹结构的材料、构件、节点、结构体系、防护、施工与监测方法等方面均进行了阐述。编写本书的目的是促进原竹结构的发展及应用，供相关设计人员参考。

　　本书部分内容的研究得到了"十三五"国家重点研发计划项目的资助，在此表示衷心的感谢。

　　虽然编委会对本书内容进行了认真编写，以尽可能地保证设计方法的合理性，但限于材料性能的复杂性及编者水平，书中难免存在疏漏之处，恳请有关专家、学者和读者批评指正，共同促进原竹结构的发展。

《原竹结构设计指南》编委会

2021 年 6 月

目 录

1 绪 论

　　促进经济社会发展全面绿色转型和完善新型城镇化建设是我国"十四五"时期的重要战略目标,采用生态竹结构体系是实现"十四五"目标的重要途径,对实现节能减排具有推动作用,有助于建设人与自然和谐共生的现代化。

　　竹子是集力学与美学于一身的优质绿色建筑材料,被誉为"终极绿色材料"。竹子具有以下主要优点:

　　①资源分布广。竹材在全球广泛分布,主要分布于亚洲、美洲和非洲地区,其中中国是世界竹资源分布的中心。

　　②可持续性。竹子是地球上生长速度最快的植物,并且具有可再生的特点。

　　③力学和抗震性能好。竹材具有优异的抗拉压和抗弯性能,且弹性、韧性好。

　　④轻质。竹材具有较高的强重比和刚重比。

　　⑤灵活性高。竹结构部件可以灵活更换,从而能提高耐久性。

　　⑥经济成本低。

　　⑦美观舒适。

　　由于传统的混凝土和钢结构具有高耗能、高污染的特点以及木材资源的枯竭,研发新型竹结构对建筑行业的发展具有重要意义。

　　为了推动原竹结构的发展,使原竹结构体系的设计有据可依,本指南以我国绿色建筑及建筑工业化的发展要求为指导,采用理论分析、试验研究和数值模拟相结合的方法,深入系统地研究了原竹结构构件、节点以及体系的受力性能和破坏机理,建立了原竹结构体系全寿命周期设计理论和方法,确保了原竹结构体系的安全性、耐久性和舒适性。

　　本指南编委会经广泛的调查研究,认真总结并吸收了国内外木竹结构相关技术和设计、应用的实践经验,参考有关国际标准和国外先进标准,结合国内有关标准和研究成果,并在广泛征求意见的基础上,编制了本指南。

　　本指南的主要内容包括:绪论、设计方法、结构材料、竹构件设计、竹连接设计、结构体系设计、防护、施工与监测。

2
设计方法

①本指南采用以概率理论为基础的极限状态设计法。

②本指南所采用的设计基准期为50年,并应按表2.1采用。

表2.1　设计使用年限

类别	设计使用年限（年）	示例
1	5	临时性建筑结构
2	25	易于替换的结构构件
3	50	普通房屋和构筑物

③根据建筑结构破坏后果的严重性,将建筑结构分为表2.2中的3个安全等级,设计时应根据具体情况选用相应的安全等级。

表2.2　建筑结构的安全等级

安全等级	破坏后果	建筑物类型
一级	很严重	重要的建筑物
二级	严重	一般的建筑物
三级	不严重	次要的建筑物

注:有特殊要求和需要保护的建筑物的安全等级可根据具体情况另行确定。

④建筑中各结构构件的安全等级宜与整体结构的安全等级相同。根据重要性程度不同,可对部分结构构件的安全等级进行调整,但等级不应低于三级。

⑤本指南采用理论分析、试验研究和数值模拟相结合的方法,对材料、构件、节点和结构体系进行研究后提出相关设计建议。

3

结构材料

3.1 原竹材料

3.1.1 选材

毛竹是应用最广、经济价值最高的竹种。原竹结构中承重构件宜采用毛竹或性能与之相近的竹种,并应符合下列规定:

①由于竹材冬季含水率最低,含糖量小且不易生虫、发霉,因此最好在冬季进行砍伐。

②竹龄应不小于3年,竹材含水率宜为8%~12%。

③应选用外观平直、无开裂、无腐朽、无虫蛀的圆竹。

④采伐时最好从靠近基部的竹节处砍下,因为靠近基部的竹节间距较小,防裂性较好。

⑤为保证圆竹具备足够的承载力和稳定性,选用的圆竹小端壁厚应在6.0 mm以上,外周长应在200 mm以上。

⑥对于受压构件用圆竹的椭圆度,应满足大径与小径之比不小于0.6。

⑦在工程应用前应进行气干,并经过防腐、防虫和脱糖处理,临时性建筑可不作处理。

3.1.2 力学性能预测

竹材力学性能应由试验确定。由于原竹结构中需要使用大量的竹材,为实现对竹材性能的评价以及节约材料性能测试时间和成本,可采用表3.1中的预测公式,通过测量外周长对竹材力学性能进行预测。

表 3.1　原竹力学性能预测公式

性能指标	符号	预测公式
顺纹抗压强度（节部）	f_{cN}	$f_{cN} = 80.031\mathrm{e}^{-0.001C}$
顺纹抗压强度（节间）	f_{cI}	$f_{cI} = -0.053C + 71.94$
顺纹抗压弹性模量（节部）	E_{cN}	$E_{cN} = -0.025\,7C + 22.546$
顺纹抗压弹性模量（节间）	E_{cI}	$E_{cI} = -0.024\,9C + 20.293$
抗弯强度（节部）	f_{mN}	$f_{mN} = 180.73\mathrm{e}^{-0.001C}$
抗弯强度（节间）	f_{mI}	$f_{mI} = -0.171C + 183.22$
抗弯弹性模量（节部）	E_{mN}	$E_{mN} = 53.449C^{-0.198}$
抗弯弹性模量（节间）	E_{mI}	$E_{mI} = -0.025\,2C + 25.116$
顺纹抗拉强度（节部）	f_{tN}	$f_{tN} = 686.41C^{-0.288}$
顺纹抗拉强度（节间）	f_{tI}	$f_{tI} = 857.39C^{-0.316}$
顺纹抗拉弹性模量（节部）	E_{tN}	$E_{tN} = -0.017\,5C + 20.807$
顺纹抗拉弹性模量（节间）	E_{tI}	$E_{tI} = -0.017\,5C + 20.807$
顺纹抗剪强度（节部）	f_{vN}	$f_{vN} = 23.506\mathrm{e}^{-0.001C}$
顺纹抗剪强度（节间）	f_{vI}	$f_{vI} = 21.544\mathrm{e}^{-0.01C}$
横纹抗压强度（节部）	$f_{cN,90}$	$f_{cN,90} = 0.080\,3C + 15.37$
横纹抗压强度（节间）	$f_{cI,90}$	$f_{cI,90} = 55.433C^{-0.125}$
横纹抗拉强度（节部）	$f_{tN,90}$	$f_{tN,90} = 4.716\mathrm{e}^{0.001C}$
横纹抗拉强度（节间）	$f_{tI,90}$	$f_{tI,90} = 1.107C^{0.225}$

注：C 为外周长。

定义 η 和 θ 为原竹力学性能换算参数，在已知某项力学性能的情况下，可通过式（3.1）换算得到其他力学性能。

$$M_2 = \eta M_1 + \theta \qquad (3.1)$$

式中，M_1、M_2 为力学性能指标。表 3.2 和表 3.3 为 η 和 θ 的取值。

表 3.2　竹材节部试件力学性能换算参数

系数	M_1	M_2								
		f_{cN2}	E_{cN2}	f_{mN2}	E_{mN2}	f_{vN2}	f_{tN2}	E_{tN2}	$f_{cN,90,2}$	$f_{tN,90,2}$
η	f_{cN1}	1	0.396	2.219	0.183	0.364	2.404	0.27	-1.237	-0.086
	E_{cN1}	2.525	1	5.603	0.463	0.918	6.07	0.681	-3.125	-0.218
	f_{mN1}	0.451	0.178	1	0.083	0.164	1.083	0.122	-0.558	-0.039
	E_{mN1}	5.454	2.160	12.101	1	1.983	13.109	1.471	-6.748	-0.471

续表

系数	M_1	M_2								
		f_{cN2}	E_{cN2}	f_{mN2}	E_{mN2}	f_{vN2}	f_{tN2}	E_{tN2}	$f_{cN,90,2}$	$f_{tN,90,2}$
η	f_{vN1}	2.75	1.089	6.102	0.504	1	6.61	0.742	-3.403	-0.237
	f_{tN1}	0.416	0.165	0.923	0.076	0.151	1	0.112	-0.515	-0.036
	E_{tN1}	3.709	1.469	8.229	0.68	1.349	8.914	1	-4.589	-0.32
	$f_{cN,90,1}$	-0.808	-0.32	-1.793	-0.148	-0.294	-1.943	-0.218	1	0.07
	$f_{tN,90,1}$	-11.589	-4.589	-25.714	-2.125	-4.214	-27.857	-3.125	14.339	1
θ	f_{cN1}	0	-8.021	1.959	6.735	-5.982	-5.704	-0.007	110.878	11.527
	E_{cN1}	20.256	0	46.902	10.449	1.383	42.985	5.455	85.815	9.779
	f_{mN1}	-0.883	-8.371	0	6.573	-6.303	-7.826	-0.245	111.97	11.603
	E_{mN1}	-36.733	-22.567	-79.544	0	-19.34	-93.999	-9.912	156.327	14.696
	f_{vN1}	16.452	-1.506	38.462	9.752	0	33.841	4.429	90.522	10.107
	f_{tN1}	2.373	-7.081	7.224	7.17	-5.12	0	0.633	107.941	11.322
	E_{tN1}	0.027	-8.011	2.018	6.74	-5.973	-5.64	0	110.844	11.524
	$f_{cN,90,1}$	89.613	27.465	200.793	23.167	26.604	209.7	24.157	0	3.794
	$f_{tN,90,1}$	133.584	44.877	298.356	31.229	42.594	315.393	36.013	-54.405	0

表3.3 竹材节间试件力学性能换算参数

系数	M_1	M_2								
		f_{cN2}	E_{cN2}	f_{mN2}	E_{mN2}	f_{vN2}	f_{tN2}	E_{tN2}	$f_{cN,90,2}$	$f_{tN,90,2}$
η	f_{cN1}	1	0.47	3.226	0.475	0.345	3.472	0.334	0.243	-0.091
	E_{cN1}	2.129	1	6.867	1.012	0.735	7.39	0.711	0.518	-0.193
	f_{mN1}	0.31	0.146	1	0.147	0.107	1.076	0.104	0.075	-0.028
	E_{mN1}	2.103	0.988	6.786	1	0.726	7.302	0.702	0.512	-0.19
	f_{vN1}	2.896	1.361	9.344	1.377	1	10.055	0.967	0.705	-0.262
	f_{tN1}	0.288	0.135	0.929	0.137	0.099	1	0.096	0.07	-0.026
	E_{tN1}	2.994	1.407	9.661	1.424	1.034	10.395	1	0.729	-0.271
	$f_{cN,90,1}$	4.109	1.93	13.256	1.953	1.419	14.264	1.372	1	-0.372
	$f_{tN,90,1}$	-11.042	-5.188	-35.625	-5.250	-3.813	-38.333	-3.688	-2.688	1

续表

系数	M_1	M_2								
		f_{cN2}	E_{cN2}	f_{mN2}	E_{mN2}	f_{vN2}	f_{tN2}	E_{tN2}	$f_{cN,90,2}$	$f_{tN,90,2}$
θ	f_{cN1}	0	−13.505	−48.888	−9.089	−4.175	−52.804	−3.164	13.621	9.113
	E_{cN1}	28.746	0	43.858	4.579	5.751	46.994	6.436	20.618	6.51
	f_{mN1}	15.153	−6.386	0	−1.885	1.057	−0.199	1.896	17.309	7.741
	E_{mN1}	19.117	−4.524	12.79	0	2.426	13.563	3.22	18.274	7.382
	f_{vN1}	12.091	−7.825	−9.879	−3.341	0	−10.829	0.874	16.564	8.018
	f_{tN1}	15.21	−6.359	0.185	−1.858	1.077	0	1.915	17.323	7.736
	E_{tN1}	9.475	−9.054	−18.318	−4.584	−0.903	−19.91	0	15.927	8.255
	$f_{cN,90,1}$	−55.963	−39.797	−229.447	−35.698	−23.498	−247.089	−21.854	0	14.182
	$f_{tN,90,1}$	100.626	33.77	275.774	38.756	30.57	296.54	30.441	38.113	0

3.1.3 设计指标

原竹结构设计指标应通过试验确定,在缺乏试验数据的情况下,可按本指南进行取值。原竹材料强度设计值按表3.4采用。

表3.4 原竹材料强度设计值

指标	符号	设计取值
顺纹抗拉强度(MPa)	f_t	52
顺纹抗压强度(MPa)	f_c	56
顺纹抗剪强度(MPa)	f_v	12
横纹抗剪强度(MPa)	$f_{v,90}$	10
抗弯强度(MPa)	f_m	44

原竹材料其他设计指标可按表3.5进行取值。

表3.5 原竹材料其他设计指标

指标	符号	设计取值
容重(N/m³)	γ	8 000
弹性模量(MPa)	E	16 000
泊松比	μ	0.3

续表

指标		符号	设计取值
线膨胀系数($℃^{-1}$)		α_c	7×10^{-5}
比热容[$J/(kg \cdot K)$]		c	1 256.1
变化率	壁厚变化率(mm/m)	t_c	0.8
	直径变化率(mm/m)	D_c	6.3
	外周长变化率(mm/m)	C_c	19.7

3.2 其他材料

3.2.1 建筑磷石膏

1)磷石膏基本要求

磷石膏的基本要求应符合表 3.6 的规定。

表 3.6 磷石膏的基本要求

项目	指标	
放射性核素限量	$I_{Ra} \leqslant 1.0$	$I_r \leqslant 1.0$
附着水(H_2O)质量分数(%)	$\leqslant 25$	
二水硫酸钙($CaSO_4 \cdot 2H_2O$)质量分数(%)	$\geqslant 85$	
水溶性五氧化二磷[1](P_2O_5)(%)	$\leqslant 0.80$	
水溶性氟[1](F)质量分数(%)	$\leqslant 0.50$	

注:1—用于石膏建材时应测试该项目。

2)建筑磷石膏基本要求

40 mm×40 mm×40 mm 的石膏试块干抗压强度不应小于 12 MPa,40 mm×40 mm×160 mm 的石膏试块干抗折强度不应小于 5 MPa。

3.2.2 环保物料

环保物料以石膏为基质,以聚苯乙烯颗粒为骨料,与矿物黏合剂及抗裂纤维拌和而成,可黏结在竹材、钢材及混凝土等上。该物料是一种多微孔材料,具有较低的弹性模量,对震动冲击荷载有良好的吸收和分散作用,且可以长时间抵抗高温燃烧。该物料由喷涂机泵送喷涂在原竹骨架缝隙中,起到填充、防火、隔音、装饰效果,也可以现场喷涂浇筑,适合各种造型。该物料可直接用在室外,但须喷涂外用抹面砂浆。

环保物料中原材料应符合以下要求:

①物料中的石膏应符合现行国家标准《建筑石膏》(GB/T 9776)的规定,等级不应低于2.0级。放射性核素限量应满足现行国家标准《建筑材料放射性核素限量》(GB 6566)的规定。

②物料中的水泥强度等级不应低于42.5级,其性能应符合现行国家标准《通用硅酸盐水泥》(GB 175)的规定。

③物料中的砂应符合现行国家标准《建设用砂》(GB/T 14684)的规定。

④物料中的合成纤维采用适用于物料的单丝防裂抗裂纤维,其性能应符合现行国家标准《水泥混凝土和砂浆纤维》(GB/T 21120)的规定。

⑤物料中的外加剂应符合现行国家标准《混凝土外加剂应用技术规范》(GB 50119)及其他现行标准的有关规定。

⑥物料的拌和用水应符合现行国家标准《混凝土用水标准》(JGJ 63)的规定。

环保物料的基本性能应符合表3.7的要求。

表3.7 环保物料的基本性能

项目		技术指标	检测依据
干表观密度(kg/m³)		≤800	现行《胶粉聚苯颗粒外墙外保温系统材料》(JG 158)
拉伸黏结强度(MPa)	与竹材	≥0.10	
	与混凝土[1]	≥0.15	
立方体抗压强度(MPa)	14 d[2]	≥1.0	
	1 d	≥0.4	
弹性模量(MPa)		≥1 860	现行《建筑砂浆基本性能试验方法》(JGJ/T 70)
冻融循环后的物料强度损失率(%)		≤10	
凝结时间[3](min)	可操作时间	≤60	
	实干时间	≤180	
收缩值(%)		≤0.2	
导热系数[W/(m·K)](平均温度25 ℃)		≤0.165	现行《绝热材料稳态热阻及有关特性的测定热流计法》(GB/T 10295)
燃烧性能分级		A2 级	现行《建筑材料及制品燃烧性能分级》(GB 8624)
内照射指数		≤1.0	现行《建筑材料放射性核素限量》(GB 6566)
外照射指数		≤1.0	

注:1—测试结果为混凝土常温养护28 d后的测试结果,当浸水饱和后结果应不小于0.10,冻融循环25次后结果应不小于0.10。

2—14 d抗压强度测定试件常温养护12 d后开始放入(40±5)℃的烘箱至恒重。

3—以贯入阻力达到0.3 MPa为可操作时间,以贯入阻力达到0.5 MPa为实干时间。所有检测项目涉及烘干温度均为(40±5)℃。

3.2.3 木材

①正交斜放竹条覆面桁架和正交斜放竹条覆面墙板采用规格材作为骨架。

②规格材按机械应力分级应符合表3.8的规定。

表3.8 机械应力分级规格材强度等级表

等级	M10	M14	M18	M22	M26	M30	M35	M40
弹性模量 E(MPa)	8 000	8 800	9 600	10 000	11 000	12 000	13 000	14 000

③结构规格材截面尺寸应符合表3.9的规定。

表3.9 结构规格材截面尺寸表

截面尺寸 宽(mm)×高(mm)	40×40	40×65	40×90	40×115	40×140	40×185	40×235	40×285
截面尺寸 宽(mm)×高(mm)	—	65×65	65×90	65×115	65×140	65×185	65×235	65×285
截面尺寸 宽(mm)×高(mm)	—	—	90×90	90×115	90×140	90×185	90×235	90×285

注:①表中截面尺寸均为含水率不大于19%、由工厂加工的干燥木材尺寸。

②当进口规格材截面尺寸与表中尺寸相差不超2 mm时,应与其相应规格材等同使用。但在计算时,应按进口规格材实际截面进行计算。

④速生树种的结构用规格材截面尺寸应符合表3.10的规定。

表3.10 速生树种结构规格材截面尺寸表

截面尺寸 宽(mm)×高(mm)	45×75	45×90	45×140	45×190	45×240	45×290

注:表中截面尺寸均为含水率不大于19%、由工厂加工的干燥木材尺寸。

⑤正交斜放竹条覆面墙板墙骨柱的最小截面尺寸和最大间距(图3.1)应符合表3.11的规定。

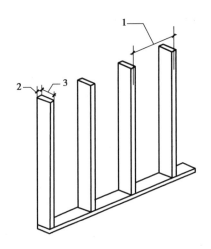

图 3.1 墙骨柱的最小截面尺寸和最大间距示意图

1—最大间距;2—最小截面宽度;3—最小截面长度

表 3.11 墙骨柱的最小截面尺寸和最大间距

墙的类型	承受荷载情况	最小截面尺寸 宽度(mm)×高度(mm)	最大间距(mm)	最大层高(m)
内墙	不承受荷载	40×90	410	2.4
		90×40	410	3.6
	屋盖	40×65	410	2.4
		40×90	610	3.6
	屋盖加一层楼	40×90	410	3.6
	屋盖加二层楼	40×140	410	4.2
	屋盖加三层楼	40×90	310	3.6
		40×140	310	4.2
外墙	屋盖	40×65	410	2.4
		40×90	610	3.0
	屋盖加一层楼	40×90	410	3.0
		40×140	610	3.0
	屋盖加二层楼	40×90	310	3.0
		65×90	410	3.0
	屋盖加三层楼	40×140	410	3.6
		40×140	310	1.8

⑥墙骨柱之间的连接要求参照现行国家标准《木结构设计标准》（GB 50005）中轻型木结构的有关连接要求。

3.2.4 钢材及金属连接件

1）钢材

钢材的选用应符合现行国家标准《钢结构设计标准》（GB 50017）的规定。处于外露环境且对耐腐蚀有特殊要求的钢材，可采用 Q235NH、Q355NH 和 Q415NH 牌号的耐候结构钢，其性能应符合现行国家标准《耐候结构钢》（GB/T 4171）的规定。钢材的设计用强度指标按表 3.12 采用。

表 3.12　钢材的设计强度指标

钢材牌号		钢材厚度或直径（mm）	强度设计值（MPa）			屈服强度 f_y（MPa）	抗拉强度 f_u（MPa）
			抗拉、抗压、抗弯 f	抗剪 f_v	断面承压（刨平顶紧）f_{ce}		
碳素结构钢	Q235	≤16	215	125	320	235	370
		>16，≤40	205	120		225	
		>40，≤100	200	115		215	
低合金高强度结构钢	Q345	≤16	305	175	400	345	470
		>16，≤40	295	170		335	
		>40，≤63	290	165		325	
		>63，≤80	280	160		315	
		>80，≤100	270	155		305	
	Q390	≤16	345	200	415	390	490
		>16，≤40	330	190		370	
		>40，≤63	310	180		350	
		>63，≤100	295	170		320	
	Q420	≤16	375	215	440	420	520
		>16，≤40	355	205		400	

注：①表中直径指实芯棒材直径，厚度指计算点的钢材或管壁厚度，对轴心受拉和轴心受压构件指截面中较厚板件的厚度。

②冷弯型材和冷弯钢管的强度设计值应按国家现行有关标准规定采用。

2) 金属连接件

①紧固件:连接用 4.8 级普通螺栓及 8.8 级普通螺栓,其质量应符合现行国家标准《紧固件机械性能 螺栓、螺钉和螺柱》(GB/T 3098.1)和《紧固件公差 螺栓、螺钉、螺柱和螺母》(GB/T 3103.1)的规定。螺栓连接的强度应符合现行国家标准《钢结构设计标准》(GB 50017)的规定。

②连接用自攻螺钉应符合现行国家标准《六角头自攻螺钉》(GB/T 5285)的规定。

③卡箍:提出如图 3.2 所示的预制卡箍连接件,该连接件由相对扣合的两个半多波卡箍组成。半多波卡箍在中间 U 形段和水平过渡段上分别开设有拼接连接孔和螺栓连接孔。根据卡箍中间 U 形箍的数量可将卡箍连接件分为单波卡箍、双波卡箍和多波卡箍;根据卡箍 U 形孔直径可分为 80 mm、85 mm、90 mm、95 mm 等型号。预制卡箍的选材及加工均应符合有关国家标准的规定。

图 3.2 卡箍示意图

④连接用钢板:应符合现行国家标准《建筑结构用钢板》(GB/T 19879)及《钢结构设计标准》(GB 50017)的规定,其设计用强度指标按表 3.13 采用。

表 3.13 建筑结构用钢板的设计用强度指标

建筑结构用钢板	钢材厚度或直径(mm)	强度设计值(MPa)			屈服强度 f_y(MPa)	抗拉强度 f_u(MPa)
		抗拉、抗压、抗弯 f	抗剪 f_v	断面承压(刨平顶紧) f_{ce}		
Q345GJ	>16, ≤50	325	190	415	345	490
	>50, ≤100	300	175		335	

4
竹构件设计

4.1 竹拉压杆

4.1.1 构造及基本要求

①构造:竹拉压杆构造如图4.1所示。

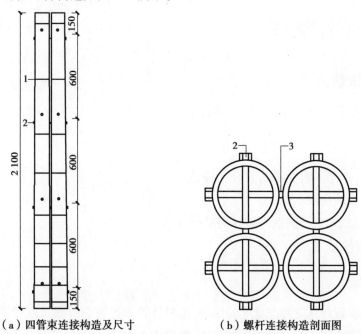

（a）四管束连接构造及尺寸　　　（b）螺杆连接构造剖面图

图4.1 竹拉压杆构造示意图

1—竹节;2—螺帽;3—螺杆

②竹子是一种各向异性材料,长竹管构件的屈曲临界力应由试验确定,不能套用欧拉公式推算。结构分析时,轴压构件稳定计算的长度系数应根据构件的实际构造和受力工况确定。

③竹管束中,单肢竹管的长细比不宜大于 40[1],以防出现轴压时单肢屈曲失稳。

④竹拉杆受力验算的关键是连接强度,不应仅验算竹管的抗拉强度,以免被误导。对于常用的螺栓连接,开孔处的销槽承压往往是竹拉杆承载力的瓶颈。销槽承压试验装置如图 4.2 所示[1]。

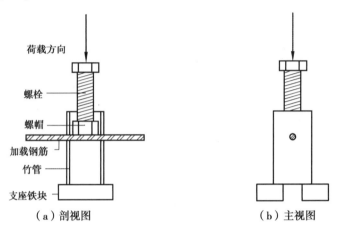

图 4.2　销槽承压试验装置示意图

4.1.2　设计计算方法

1)竹管构件承载力

竹管构件承载力设计允许值按下式计算:

$$R_{\text{tube}} = R_{k} \times \frac{G}{\alpha} \qquad (4.1)$$

式中　R_{tube}——竹管构件承载力设计允许值;

　　　R_{k}——试验极限承载力;

　　　G——试验与现场的条件差异调整值,≤0.5;

　　　α——安全系数,≥2.25。

2)几何参数

竹管几何参数计算应考虑锥度的影响,单根竹管和竹管束的截面积和惯性矩按两端尺寸的平均值进行计算。考虑竹管初始弯曲等缺陷的影响,计算值再乘以折减系数,≤0.9。

4.2　竹梁

假设:正应力在截面上均匀分布;受拉区域的弹性模量与受压区域的弹性模量相等;

在比例极限以内时,应力与应变成正比。E 为常数。

杆件截面性质的计算公式:

截面积:

$$A = \frac{\pi(D^2 - d^2)}{4} \tag{4.2}$$

惯性矩:

$$J = \frac{\pi(D^2 - d^2)}{64} \tag{4.3}$$

截面模量:

$$W = \frac{\pi(D^4 - d^4)}{32D} \tag{4.4}$$

面积矩:

$$B = \frac{D^3 - d^3}{12} \tag{4.5}$$

式中　A——截面积,mm^2;

　　　J——惯性矩,mm^4;

　　　W——截面模量,mm^3;

　　　B——面积矩,mm^3;

　　　D——外径,mm;

　　　d——内径,mm。

4.2.1　强度验算

$$\sigma_H = \frac{M_{\max}}{W_{HT}} \leqslant [\sigma_H] \tag{4.6}$$

式中　σ_H——计算弯曲应力;

　　　$M_{\max}$——最大弯矩;

　　　W_{HT}——净截面模量;

　　　$[\sigma_H]$——容许弯曲应力。

4.2.2　刚度验算

$$\omega \leqslant [\omega] \tag{4.7}$$

式中　ω——计算挠度(按材料力学一般公式计算);

　　　$[\omega]$——容许挠度[见现行国家标准《木结构设计标准》(GB 50017)]。

4.2.3　剪应力验算

$$\tau = \frac{QB}{2Jt} = \frac{Q}{0.5 A_{6p}} \tag{4.8}$$

式中　τ——计算剪应力；

　　　Q——所考虑的截面上的垂直剪力；

　　　B——截面面积矩；

　　　J——截面惯性矩；

　　　A_{6p}——环形的毛截面面积；

　　　t——杆壁厚度。

4.3　竹柱

按最外纤维应力的强度验算：

$$\sigma_c = \frac{N_c}{A_{HT}} + \frac{M_{max}}{\xi \, W_{HT}} \cdot \frac{[\sigma_c]}{[\sigma_H]} \leqslant [\sigma_c] \qquad (4.9)$$

式中　σ_c——应力，N/mm^2；

　　　N_c——杆件的轴向压力，N；

　　　A_{HT}——净截面面积，mm^2；

　　　$\dfrac{[\sigma_c]}{[\sigma_H]}$——考虑容许压应力与容许弯曲应力数值不相等时的改正系数；

　　　ξ——当杆件变形时由轴向压力 N_c 产生的附加弯曲系数，按下列公式计算：

$$\xi = 1 - \frac{\lambda^2}{2\,100} \cdot \frac{\sigma_c}{[\sigma_c]}$$

$$\sigma_c = \frac{N_c}{F_{6p}} \qquad (4.10)$$

　　　λ——杆件的长细比；

　　　F_{6p}——杆件毛截面积。

4.4　竹拱[2]

4.4.1　圆竹拱的制作

1）标准化圆竹的选取和处理

竹材是一种天然材料，各种自然因素致使竹竿粗细、尖削度以及力学性能等不均一，大大降低了原竹结构材质量的可控性，因此在利用圆竹时，特别是将圆竹作为建筑结构材时必须对其进行标准化处理。

2）圆竹的防护处理

竹材在迅速生长过程中形成大量的糖分、淀粉和蛋白质等营养物质，易发生虫蛀、霉变、腐烂等现象,导致原竹结构材使用寿命缩短,因此在圆竹利用时必须对其进行防护处理,起到防虫、防霉、防腐以及防火的效果,增强圆竹的性能稳定性和使用耐久性。

3) 圆竹调直、调弯处理

圆竹在生长过程中由于地势、风向或遗传等因素导致其竹竿通直度不均匀,在使用过程中根据圆竹使用场合的不同需要对其进行调直和调弯处理。在竹拱结构中圆竹需要进行调弯处理,调制一定的弧度,而当圆竹用于结构顶檩条时则需要通直的形态,以将结构顶部压力均匀分布、传递在竹拱结构上,这时需要将圆竹材料进行调直处理。可利用高温火烤加热法使圆竹软化,进行调直或利用弧度仪进行调弯处理。

4) 圆竹的防开裂处理

圆竹由于其中空壁薄的构造以及其竹青至竹黄层维管束存在梯度分布的特征,导致圆竹在受外力或生物内力时竹青、竹黄的应力分布不均匀而产生开裂的现象。这种现象与很多因素相关,如竹材含水率变化、外力形式等,因此对圆竹的防开裂处理主要做两个方面的工作:

①调节竹材含水率。在竹材砍伐至使用的过程中,利用干燥窑将竹材进行均匀干燥,并在施工现场进行平衡含水率调节,使其平衡含水率与当地含水率保持动态平衡。

②通过紧固件进行加固。圆竹开裂一般是从两端开始,逐渐蔓延至中间。因此,在实际使用圆竹时,可利用紧固件将其两端进行加固,如使用金属喉箍件(图4.3)。

图4.3 金属喉箍件

4.4.2 节点构造

1) 竹竿之间的连接

(1) 竹竿长度方向连接

将大竹筒两端竹隔打通,镶套与大竹筒内径一致的小竹筒,连接两根竹竿,并辅以气钉加固,实现竹竿长度方向的加长,如图4.4所示。由于小竹筒连接件与大竹筒材质相同、性能接近,采用大竹筒镶套小竹筒的连接形式使得节点在受力时能够发生同步变形,而且圆竹调弯过程中较易调至相似的弧度。

(a)接长的檩条　　　　　　　(b)竹筒接口

图4.4　竹筒接长镶套工艺

(2)竹竿径向连接

圆竹在作为建筑结构体时多以成束的形式存在,以增强竹结构的强度,传统的连接形式为绑扎和榫接。绑扎多利用棕绳或铁丝等将多根圆竹连接在一起,属于柔性连接,节点容易松动;而榫接属于传统木结构典型连接方式,但由于竹材中空的特点,榫接对竹材的切削使竹材在节点处容易产生劈裂现象。可采用现代五金件的连接方式,竹竿径向之间通过螺栓螺母进行连接,端部采用金属喉箍件进行加固,如图4.5所示。

(a)螺栓螺母径向连接　　　　　(b)金属喉箍端部连接

图4.5　径向连接

2)基础与竹拱结构之间的连接

竹拱拱脚处是竹拱受力较为集中的位置,易发生开裂或断裂,因此基础与竹拱之间的连接尤为重要。例如,在竹拱结构两侧布置混凝土侧墩,侧墩上有凸出的与圆竹内径相似的钢管,将钢管插入竹拱拱脚内,在拱脚外包覆钢板,钢板与拱脚之间的孔隙填充混凝土加固拱脚强度(图4.6)。

3)结构与屋顶、围护之间的连接

竹拱结构中屋顶与围护结构不承受力仅作为围护,使得建筑成为一个较为完整的空

图 4.6　侧墩与拱脚的连接

间。例如,屋顶采用瓦型阳光板和彩钢压型板,直接通过螺栓、螺母连接在竹檩条、钢檩条之上,如图 4.7 所示;围护结构则是将黑色方形钢管通过螺栓、螺母连接在最外侧的竹拱上,再镶嵌玻璃形成,如图 4.8 所示。

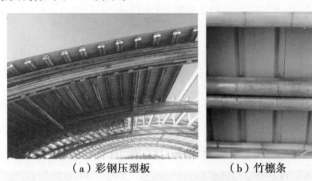

（a）彩钢压型板　　　　　（b）竹檩条

图 4.7　彩钢压型板固定在竹檩条上

图 4.8　围护工程实例

4) 结构应力分散——变截面桁架竹拱

大跨度竹拱在结构中作为主要承压构件,竹拱主要受沿弧形的压力,最终压力集中到拱脚并传递给侧墩,因此,拱脚处是应力最为集中的位置,最易开裂。为分散拱脚处应力集中现象,竹拱可采用变截面桁架拱,如图4.9所示。该结构兼具拱结构和桁架结构的双重优势,在竹拱中部将竹拱分为4个分拱,截面从中部位置至拱脚逐渐增大,大大降低了拱脚处的应力集中现象。此外,桁架式的竹拱结构本身也分散了竹拱拱身的压力。

(a)竹拱   (b)变截面桁架拱   (c)变截面桁架

图4.9 变截面桁架竹拱

5)拉结强化构件——斜拉索

斜拉索是桥梁中常用的受拉构件,可在竹拱结构中设置斜拉索,如图4.10所示。在竹拱结构中设置斜拉索是为了增加各个拱之间的约束以及拱与拱脚之间的约束,避免拱结构在风力等作用下发生平面外倾侧现象。

图4.10 对角斜拉索

4.5 竹墙板

4.5.1 木骨架双向正交斜放竹条覆面墙板

1)构造及基本要求

(1)构造

木骨架双向正交斜放竹条覆面墙板具体做法是把正交斜放斜向竹条用 T50 气钉固定在间距 400~600 mm 的竖向木骨架上,其结构特点是通过双向正交斜放竹条承受轴向拉力或压力来承担墙板承受的竖向荷载、水平风荷载以及地震作用。

数值分析结果表明,在给定侧向力的前提下,竹条与木骨架夹角在 40°~50°时,侧向变形相对最小,考虑施工方便,竹条与木骨架夹角取 45°(图 4.11、图 4.12)。

当有合适的竹材时,可采用原竹骨架代替竖向木骨架以节约木材(图 4.13)。

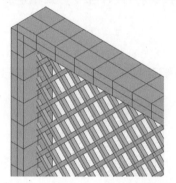

图 4.11 竹条使用 link8 单元建模

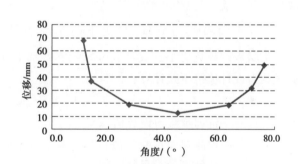

图 4.12 竹条与骨架边缘夹角变化与墙板顶部侧向位移曲线

图 4.13 竖向原竹骨架双向正交斜放竹条覆面墙板

（2）竹条加工要求

竹条由原竹顺纹劈开而来，宽度不小于 30 mm，厚度不小于 10 mm。当墙面有平整性要求时，可使用刨竹机对竹条进行加工，以满足墙面（或搁栅侧面）平整性要求。

（3）木骨架截面及材质要求

用于外墙的竹条覆面抗震墙，其木木骨架截面尺寸采用 40 mm×140 mm；用于内墙的双向竹条覆面墙板，其木木骨架截面尺寸采用 40 mm×90 mm。竹条覆面搁栅及挡梁的木骨架截面尺寸根据计算可采用 40 mm×90 mm 或 40 mm×140 mm，木骨架应采用 Vc 及其以上的规格材。

2）设计计算方法

（1）一般规定

墙板设计可根据项目情况采用构造设计法或工程设计法。按工程设计法设计的墙板应进行平面内及平面外荷载、作用下的承载力设计和变形及稳定验算；按构造设计法设计的墙板应进行平面内竖向和平面外荷载、作用下的承载力设计和变形及稳定验算，墙板应与楼盖、屋盖和基础可靠连接。

（2）平面内侧向荷载、作用下的承载力设计

①墙板的高宽比小于或等于3.5，当木骨架采用双侧双向正交斜放竹条覆盖时，其抗剪承载力设计值按下式计算：

$$V_d = 2f_{vd}L_W \tag{4.11}$$

式中　V_d——抗剪承载力设计值，kN；

　　　f_{vd}——单侧双向正交斜放竹条覆盖木骨架墙板的抗剪强度设计值，kN/m，根据试验结果，按 10 kN/m 取值；

　　　L_W——平行于荷载方向的墙板墙肢长度，m。

②墙板的高宽比小于或等于3.5，当木骨架一侧采用双向正交斜放竹条覆盖、另一侧采用木基结构板材时，其抗剪承载力设计值按下式计算：

$$V_d = f_{vd}L_W + \sum f_{vd}k_1k_2L_W \tag{4.12}$$

式中　V_d——抗剪承载力设计值，kN；

　　　$\sum f_{vd}k_1k_2L_W$——单侧采用木基结构板材时墙板的抗剪强度设计值，kN/m，参照上海市工程建设规范《轻型木结构建筑技术规程》（DG/TJ 08-2059—2009）中7.2.1条计算确定。

③墙板的高宽比小于或等于3.5，当木骨架采用单侧双向正交斜放竹条覆盖时，其抗剪承载力设计值按下式计算：

$$V_d = f_{vd}L_W \tag{4.13}$$

式中　V_d——抗剪承载力设计值，kN；

f_{vd}——抗剪强度设计值,kN/m;

L_W——平行于荷载方向的墙板墙肢长度,m。

墙板墙肢两端边界墙骨柱的轴力按下式计算:

$$N_r = \frac{M}{L_0} \tag{4.14}$$

式中 N_r——墙板墙肢两端边界墙骨柱的轴力,kN;

M——风荷载及地震作用在墙板墙肢平面内产生的弯矩,kN·m;

L_0——墙肢两侧边界墙骨柱的中心距,m。

墙板墙肢应进行抗倾覆设计。

④当墙板中洞口宽度不大于600 mm,洞口高度不大于1 200 mm,且洞口周围有墙骨柱加强时,墙板可按无洞口墙板设计。当墙板洞口大于上述约定时,开洞墙板的抗剪承载力设计值为洞口两侧墙肢的抗剪承载力设计值之和。

(3)竖向及平面外荷载、作用下承载力的设计

墙骨柱按两端铰接的受压构件设计,构件在平面外的计算长度为墙骨柱长度。当墙骨柱另外一侧布置双向正交斜放竹条、木基结构板或石膏板等覆面材料时,平面内只需要进行强度验算。

当墙骨柱中轴向压力的初始偏心距为零时,初始偏心距按照0.05倍的墙板厚度确定。墙骨柱在支座处应进行局部承压计算。

外墙墙骨柱应考虑风荷载效应组合,按两端铰接的压弯构件设计。当外墙围护材料较重时,应考虑其引起的墙骨柱出平面的地震作用。

墙板的顶梁和底梁与楼盖、屋盖的连接应进行平面内和平面外的承载力验算。

4.5.2 喷涂环保物料-原竹组合墙体

1)构造及基本要求

①构造。喷涂环保物料-原竹组合墙体由原竹作为墙体骨架,抗裂砂浆或水泥纤维板为面层,轻质环保物料为主要建筑功能填充材料构成。根据需要,可在原竹立柱之间填充绝热材料,墙体典型构造如图4.14所示。斜撑可用原竹片或小直径整原竹。

②墙体内常用绝热材料有普通模塑聚苯乙烯泡沫板(普通EPS板)、石墨聚苯乙烯泡沫塑料板(石墨EPS板)和挤塑聚苯乙烯泡沫板(XPS板),不同构造墙体的传热系数如表4.1所示。相比普通EPS板和XPS板,石墨EPS板价格经济,隔热性能良好,因此本指南给出填充石墨EPS板的墙体选用厚度如表4.2所示。

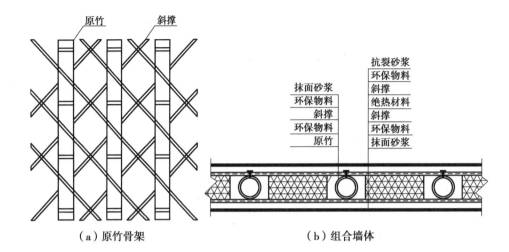

（a）原竹骨架　　　　　　　　（b）组合墙体

图 4.14　组合墙体构造图

表 4.1　常见构造墙体传热系数表

绝热材料	原竹直径 （mm）	轻质环保物料厚 （mm）	抗裂水泥砂浆厚 （mm）	墙厚 （mm）	传热系数 [W/(m²·K)]
100 厚普通 EPS 板	100	30 + 30	10 + 10	180	0.627
95 厚石墨 EPS 板	95	30 + 30	10 + 10	175	0.382
75 厚石墨 EPS 板	75	30 + 30	10 + 10	155	0.483
65 厚石墨 EPS 板	65	30 + 30	10 + 10	145	0.600
65 厚 XPS 板	65	30 + 30	10 + 10	145	0.515
50 厚 XPS 板	50	30 + 30	10 + 10	130	0.711

表 4.2　填充石墨 EPS 板的墙体选用厚度

适用标准	气候分区	围护结构	传热系数限值 （≤3 层）[W/(m²·K)]	填充石墨 EPS 灰板 厚（mm）	围护结构总 厚度（mm）
现行国家标准《严寒、寒冷地区居住建筑节能设计标准》（JGJ 26）	寒冷（A）区	屋面	0.35	≥100	≥180
		外墙	0.45	≥80	≥160
	寒冷（B）区	屋面	0.3	≥10	≥150
		外墙	0.45	≥80	≥160

续表

适用标准	气候分区	围护结构	传热系数限值 (≤3层)[W/(m²·K)]	填充石墨 EPS 灰板 厚(mm)	围护结构总 厚度(mm)
现行国家标准 《农村建筑居住 节能设计标准》 (GB/T 50824)	严寒地区	屋面	0.40	≥90	≥170
		外墙	0.50	≥75	≥155
	寒冷地区	屋面	0.50	≥75	≥155
		外墙	0.65	≥60	≥140

③喷涂环保物料-原竹组合墙体既可作为低层原竹结构房屋的承重墙,又可用作多、高层建筑中的非承重墙(包括内隔墙和外围护墙)。组合墙体应按模数协调的原则实现构件标准化,设备产品定型化。

④喷涂环保物料-原竹组合墙体不可用于直接与水接触或持续不断的高湿度环境,如桑拿房、蒸汽间、户外游泳池的建筑墙体。

⑤喷涂环保物料-原竹组合墙体应符合现行国家标准《民用建筑工程室内环境污染控制规范》(GB 50325)和《建筑材料放射性核素限量》(GB 6566)的规定,并应符合室内建筑装饰材料有害限量的规定。

⑥喷涂环保物料-原竹组合墙体作为外围护墙时,应符合下列规定:

a.外围护墙体的建筑节能要求应符合现行国家标准《公共建筑节能设计标准》(GB 50189)。

b.墙体应满足防水、防火和防腐的要求。

c.节点构造和板缝设计应满足保温、隔热、隔声、防渗要求,且坚固耐久。

⑦喷涂环保物料-原竹组合墙体作为内隔墙时,应符合下列规定:

a.内隔墙应具有良好的隔声、防火性能和足够的承载力。

b.内隔墙应便于埋设各种管线。当埋设管线时,墙厚不宜小于 120 mm。

c.门框、窗框与墙体连接应可靠,安装方便。

⑧喷涂环保物料-原竹组合墙体的空气声计权隔声量、耐火极限和燃烧性能应符合现行国家标准《民用建筑隔声设计规范》(GB/T 50118)和《建筑设计防火规范》(GB 50016)的要求。

⑨用于淋浴间、卫生间和厨房等有防水要求的房间的组合墙体,其下部应先浇筑高度不小于 200 mm,且与墙体同宽的细石混凝土基座。处于潮湿环境时,应采取防潮措施。

⑩对于穿越墙体内的水暖、电气管线应预先设计,不得后凿墙体埋设管线。当墙体上预埋的水、电箱、柜等开洞处与立柱位置冲突时,应对立柱的布置进行调整。对隔声有特殊要求的房间,应在开洞处做隔声设计。

⑪墙体间拐角、楼板和墙体间拐角应用钢丝网片增强,钢丝网片外缘到拐角距离宜大于 500 mm,钢丝网置于轻质环保物料和拌面砂浆之间。

2)设计计算方法

①喷涂环保物料-原竹组合墙体作为承重墙时,除符合建筑设计的要求外,尚应保证墙体结构的安全性、适用性和耐久性。

②喷涂环保物料-原竹组合墙体的结构设计应符合现行国家标准《工程结构可靠性统一标准》(GB 50153)的规定,采用概率理论为基础的极限状态设计法,以分项系数设计表达式进行计算。

③喷涂环保物料-原竹组合墙体应按照承载能力极限状态和正常使用极限状态进行设计。

④喷涂环保物料-原竹组合墙体结构和构件连接按不考虑地震作用的承载能力极限状态设计时,应根据现行国家标准《建筑结构荷载规范》(GB 50009)的规定采用荷载效应基本组合进行计算。当结构构件和连接按考虑地震作用的承载力极限状态设计时,应根据现行国家标准《建筑抗震设计规范》(GB 50011)规定的荷载效应组合进行计算,其中承载力抗震调整系数 γ_{RE} 取 0.9。

⑤喷涂环保物料-原竹组合墙体用作低层原竹结构承重墙时,墙体结构的布置及构造应符合现行国家标准《木结构设计标准》(GB 50005)中关于轻型木结构墙体的规定和现行《原竹结构建筑技术规程》(CECS 434)的规定。

⑥水平地震作用效应的计算可采用底部剪力法,具体计算可依现国家标准《建筑抗震设计规范》(GB 50011)的规定。在计算水平地震作用时,除专门规定外,结构阻尼比宜取0.03,相应于结构基本自振周期的水平地震影响系数 α_1 宜取水平地震影响系数最大值。

⑦喷涂环保物料-原竹组合墙体结构设计可在建筑结构的两个主方向分别计算水平荷载的作用。每个主方向的水平荷载应由该方向抗剪墙承担,各剪力墙承担的水平剪力可根据刚性或柔性楼盖假定,分别按照刚度分配法或面积分配法进行分配。如不确定楼盖为刚性还是柔性,应采用两种分配方法分别计算并取最不利情况进行设计。当按刚度分配法计算时,各墙的水平剪力按下式计算:

$$V_j = \frac{K_j L_j}{\sum_{i=1}^{n} K_i L_i} V \qquad (4.15)$$

式中 V_j——第 j 面抗剪墙承担的水平剪力;

V——由水平风荷载或地震作用产生的 X 方向或 Y 方向的总水平剪力值;

K_i、K_j——第 i、j 面抗剪墙单位长度的抗剪刚度;

L_i、L_j——第 i、j 面抗剪墙长度,当墙上开孔时,应通过试验确定刚度折减。

⑧喷涂环保物料-原竹组合墙体的抗剪刚度 K 和单位长度的受剪承载力 S_h 按照表4.3计算。

表 4.3　抗剪墙的设计指标

墙体类型	抗剪刚度 K $[kN/(m \cdot rad)]$	单位长度受剪承载力设计值 S_h （抗风/抗震）(kN/m)
原竹交错斜撑式组合墙体	3 600	13.6/10.3
竹片交错斜撑式组合墙体	2 400	10.5/7.6

注:①原竹交错斜撑式组合墙体中,竖向立柱原竹直径和壁厚分别约为 90 mm 和 10 mm,立柱轴心的间距为 300 mm;斜撑原竹直径和壁厚分别约为 50 mm 和 5 mm,轴心间距为 420 mm;立柱和斜撑用 M8 螺栓连接,原竹立柱平面外侧喷涂 40 mm 厚环保物料和 10 mm 厚抹面砂浆,墙体厚度总计为 240 mm。
②竹片交错斜撑式组合墙体中,竖向立柱原竹直径和壁厚分别约为 50 mm 和 5 mm,轴心间距为 10 mm;竹条宽度为 40 mm,轴心间距为 210 mm;立柱和斜撑用 ST4.8 自攻螺钉连接。
③当采用其他构造时,组合墙体的抗剪刚度和受剪承载力由试验确定。
④单片抗剪墙的最大计算长度不宜超过 6 m。

⑨作用在抗剪墙单位长度上的水平剪力可按下式计算:

$$S_j = \frac{V_j}{L_j} \tag{4.16}$$

式中　S_j——作用在第 j 面抗剪墙单位长度上的水平剪力。
⑩抗剪墙的受剪承载力应按下列规定验算:
a. 在风荷载作用下,抗剪墙单位计算长度上的剪力 S_W 应符合下式的要求:

$$S_W \leqslant S_h \tag{4.17}$$

b. 在抗震设防区,多遇地震作用下抗剪墙单位长度上的剪力 S_E 应符合下式的要求:

$$S_E \leqslant \frac{S_h}{\gamma_{RE}} \tag{4.18}$$

式中　S_W——考虑风荷载效应组合下抗剪墙单位长度上的剪力;
　　　S_E——考虑地震作用效应组合下抗剪墙单位长度上的剪力;
　　　S_h——抗剪墙单位计算长度上的受剪承载力设计值。
⑪在水平荷载作用下抗剪墙的层间位移与层高之比(层间位移角)可按下式计算:

$$\frac{\Delta}{H} = \frac{V_k}{\sum_{j=1}^{n} K_j L_j} \tag{4.19}$$

式中　Δ——风荷载或地震作用产生的楼层内最大弹性层间位移;
　　　H——房屋楼层高度;
　　　V_k——风荷载或地震作用下楼层的总剪力标准值;
　　　n——平行于风荷载或多遇地震作用方向的抗剪墙数目。
⑫墙体立柱按两端铰接的轴心受压杆件计算。在墙体平面内可仅进行强度验算,在平面外按进行稳定验算。

4.5.3 原竹-磷石膏组合墙板

1)构造及基本要求

①构造:原竹-磷石膏组合墙板由圆竹、磷石膏、OSB 板等部件组成(图 4.15)。圆竹通过多波卡箍连接件进行连接[图 4.15(a)]或通过高强螺丝杆进行连接[图 4.15(b)],圆竹骨架外浇筑磷石膏作为保护层,保护层外加设 OSB 板以提高结构受力性能,OSB 板外还可增加面饰层。圆竹骨架和 OSB 板之间可通过螺杆、螺栓连接,或直接通过燕尾钉进行连接。

②构件的宽厚比大于 4 时,宜按墙体的要求设计。

③建筑材料的选取应满足本指南 3.1 节的要求。

④同一构件中应采用大小相近的圆竹。

⑤单片墙的高宽比不宜大于 3。

⑥墙体开洞宽度不宜大于 1.2 m,高度不得大于 1.8 m,洞口应采取加强措施。

⑦对于需要开洞的结构,应预留孔洞,不得在已浇筑完成的结构中开洞、剔凿。

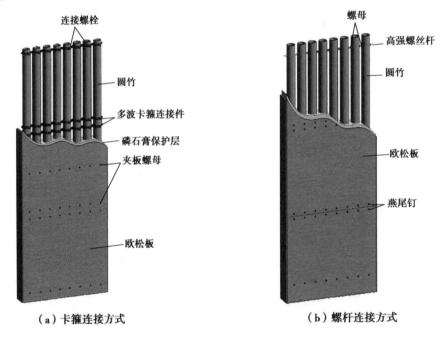

(a)卡箍连接方式　　　　　**(b)螺杆连接方式**

图 4.15　原竹-磷石膏组合墙板示意图

2)设计计算方法

①轴心受压墙体按下式进行强度验算:

$$N_c \leq f_{cd}A_n + f_{cdp}A_{np} \tag{4.20}$$

式中　N_c——轴心压力设计值,N;

f_{cd}、f_{cdp}——竹材顺纹抗压、磷石膏轴心抗压强度设计值,N/mm²;

A_n、A_{np}——圆竹、磷石膏净截面面积,mm²。

②轴心受压墙体按下式进行稳定性验算:

$$N_c \leq \varphi(f_{cd}A_0 + f_{cdp}A_{0p}) \tag{4.21}$$

式中　φ——稳定性系数,参考现行国家标准《木结构设计标准》(GB 50005)取用;

A_0、A_{0p}——圆竹、磷石膏截面计算面积,mm²。

③原竹-磷石膏结构构件的截面轴向刚度和抗剪刚度可按下列公式计算:

$$EA = E_bA_b + E_pA_p \tag{4.22}$$

$$GA = G_bA_b + G_pA_p \tag{4.23}$$

式中　EA、GA——构件截面轴向刚度、抗剪刚度;

E_bA_b、G_bA_b——竹子部分的截面轴向刚度、抗剪刚度;

E_pA_p、G_pA_p——磷石膏部分的截面轴向刚度、抗剪刚度。

④墙体侧向剪力可按式(4.13)计算。

⑤作用在墙体单位长度上的剪力可按式(4.16)计算。

⑥墙体的受剪承载力应按式(4.17)和式(4.18)验算。

⑦墙体顶部水平位移应按式(4.19)计算。

4.6　竹楼板

4.6.1　喷涂环保物料-原竹组合楼板

1)构造及基本要求

①构造:喷涂环保物料-原竹组合楼板由原竹作为楼板梁,在原竹上侧铺 OSB 板或竹胶板,然后依次浇筑环保物料和抗裂砂浆,原竹下侧安装防火石膏板,原竹梁尺寸和间距根据楼板设计荷载决定。墙楼板典型构造如图 4.16 所示。

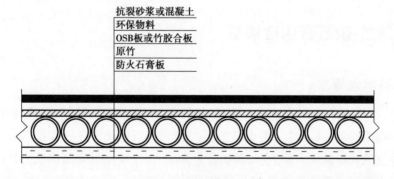

图 4.16　组合楼板构造图

②楼板原竹梁在支座上的搁置长度应大于原竹直径,且大于 100 mm。原竹梁在支座上的搁置部位应有完整竹节,原竹支座部位集中荷载不超过 1 kN,超过时应对支座部位加固并通过试验确定承载力。

③楼盖上不设置缺口,楼盖原竹梁上不得开孔,原竹梁之间宜用绑扎连接。

④楼盖抗弯能力有限时,可按单向布置多层原竹,上下层原竹应按品字型或正梯形布置,上下层原竹轴线不得摆放在同一竖直平面内。

2)设计计算方法

楼盖应进行变形和强度验算,计算时仅考虑原竹的抗力作用。楼盖原竹两端搁置在墙体或者梁上时,宜按照两端间支的受弯构件进行以下设计验算:

①受弯强度验算:

$$\frac{M}{W} \leqslant f_{\mathrm{md}} \tag{4.24}$$

$$W = \frac{\pi \left[D_{\mathrm{e}}^4 - (D_{\mathrm{e}} - 2t)^4 \right]}{32 D_{\mathrm{e}}} \tag{4.25}$$

式中 f_{md}——原竹抗弯强度设计值;

M——弯矩设计值;

W——受弯构件的截面的抵抗矩;

D_{e}——原竹外径;

t——原竹壁厚。

②受剪强度验算:

$$\frac{2V_{\mathrm{d}}}{3 A_{\mathrm{n}}} \left(\frac{3 D_{\mathrm{e}}^2 - 4 D_{\mathrm{e}} t + 4 t^2}{D_{\mathrm{e}}^2 - 2 D_{\mathrm{e}} t + 2 t^2} \right) \leqslant f_{\mathrm{vd}} \tag{4.26}$$

式中 V_{d}——剪力设计值;

A_{n}——构件净截面面积;

f_{vd}——竹材顺纹抗剪强度设计值。

③挠曲变形按式(4.7)验算。

4.6.2 原竹-磷石膏组合楼板

1)构造及基本表要求

①构造:原竹-磷石膏组合楼板由圆竹、磷石膏、OSB 板等部件组成(图 4.17)。圆竹通过多波卡箍连接件进行连接[图 4.17(a)]或通过高强螺丝杆进行连接[图 4.17(b)],圆竹骨架外浇筑磷石膏作为保护层,保护层外加设 OSB 板以提高结构受力性能,OSB 板外还可增加面饰层。圆竹骨架和 OSB 板之间可通过螺杆、螺栓连接,或直接通过燕尾钉进行连接。

②建筑材料的选取应满足本指南3.1节的要求。

③楼板进行强度和变形验算时,仅考虑原竹的抗力作用。

④同一构件中应采用大小相近的圆竹。

⑤为避免楼板整体受力均匀,圆竹可采用大小端相邻的布置方式。

⑥跨度不宜超过3.3 m。

⑦燕尾钉的布置间距不宜大于320 mm。

⑧原竹竹管的数量不宜少于4根。

⑨上下面板宜选用厚15 mm的OSB板。

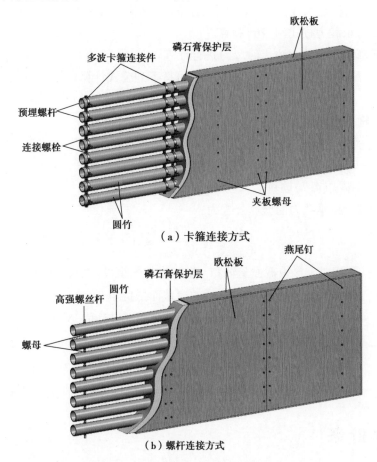

（a）卡箍连接方式

（b）螺杆连接方式

图4.17　原竹-磷石膏组合楼板示意图

2）设计计算方法

①楼板按下式进行强度验算:

$$\frac{M}{W_n} \leqslant f_{md} \tag{4.27}$$

$$W_n = \frac{\pi\left[D^4 - (D - 2t)^4\right]}{32D} \tag{4.28}$$

式中　M——楼板弯矩设计值,N·mm;

　　　W_n——楼板净截面抵抗矩,mm³;

　　　f_{md}——材料抗弯强度设计值,N/mm²;

　　　D——圆竹外径,mm;

　　　t——圆竹壁厚,mm。

②楼板按下式进行稳定性验算:

$$\frac{M}{\varphi_1 W_n} \leqslant f_{md} \tag{4.29}$$

式中　φ_1——侧向稳定系数,参考现行国家标准《木结构设计标准》(GB 50005)取用。

③楼板受剪承载力按式(4.26)验算。

④楼板局部承压承载力按式(4.27)进行计算。

⑤原竹-磷石膏组合楼板的截面抗弯刚度可按下列公式计算:

$$EI = E_b I_b + E_p I_p \tag{4.30}$$

式中　EI——构件截面抗弯刚度;

　　　$E_b I_b$——竹子部分的截面抗弯刚度;

　　　$E_p I_p$——磷石膏部分的截面抗弯刚度。

⑥挠曲变形按式(4.7)验算。

⑦双向受弯时按承载力的验算公式为:

$$\frac{M_x}{W_{nx} f_{mbx}} + \frac{M_y}{W_{ny} f_{mby}} \leqslant 1 \tag{4.31}$$

式中　M_x、M_y——相对于楼板截面 x 轴和 y 轴产生的弯矩设计值,N·mm;

　　　W_{nx}、W_{ny}——楼板截面沿 x 轴和 y 轴的净截面抵抗矩,mm³;

　　　f_{mbx}、f_{mby}——楼板正向弯曲或侧向弯曲的抗弯强度设计值,N/mm²。

⑧双向受弯时挠度的验算公式为:

$$w = \sqrt{w_x^2 + w_y^2} \tag{4.32}$$

式中　w_x、w_y——荷载效应的标准组合计算的对构件截面 x 轴、y 轴方向的挠度,mm。

4.7　竹桁架

4.7.1　构造及基本要求

①构造:竹桁架的节点可分为支座端节点、腹杆节点、对接节点、屋脊节点和搭接节点(图4.18)。

桁架静力计算模型应满足下列条件:

a.弦杆应为多跨连续杆件;

b.弦杆在屋脊节点、变坡节点和对接节点处应为铰接节点;

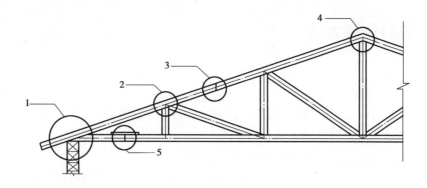

图 4.18　竹桁架节点示意图

1—支座端节点;2—腹杆节点;3—对接节点;4—屋脊节点;5—搭接节点

c.弦杆对接节点处用于抗弯时应为刚接节点;

d.腹杆两端节点应为铰接节点;

e.桁架两端与下部结构连接一端应为固定铰支,另一端应为活动铰支。

②竹桁架的使用年限应与主体结构的使用年限相同。

③竹桁架及其各杆件的安全等级宜与整个建筑结构安全等级相同。

④竹桁架的设计可参考现行标准《轻型木桁架技术规范》(JGJ/T 265)。

⑤竹桁架的间距宜为 600 mm,最大不得超过 1 200 mm。

⑥当竹桁架在恒载作用下挠度超过 5 mm 时,在桁架制作时应按恒载作用下的挠度进行起拱。

⑦当下部结构为木竹结构时,墙体应直接与墙体顶梁板或其他木竹构件连接;当下部结构为砌体结构、钢筋混凝土结构或钢结构时,应在下部结构上方设置经防腐处理的木竹垫梁,竹桁架与垫梁连接。连接应通过计算确定,且计算时应考虑由风荷载和地震荷载引起的侧向力以及风荷载引起的上拔力。

⑧垫梁和下部结构应采用锚栓或螺栓连接,竹桁架和其他木竹构件之间应采用金属连接件或钉连接。

⑨竹桁架的对接节点应设置在弯曲应力较低的位置,下弦杆的中间支座必须设置在节点上。

⑩上弦对接节点宜设置在节间一端四分点处,且不得设置在与支座、弦杆变坡处或屋脊节点相邻的弦杆节间内。

⑪下弦对接节点可设置在节间一端四分点处,且不得设置在与支座、弦杆变坡处或屋脊节点相邻的弦杆节间内。

⑫除相邻支座端节点的腹杆节点外,其余腹杆节点可设置对接接头。

⑬桁架上、下弦杆的对接节点不应设置在同一节间内。相邻两榀桁架的弦杆对接节点不宜设置于相同节间内。桁架腹杆杆件严禁采用对接节点。

⑭为保证桁架在施工和使用期间的空间稳定,应采取防止侧倾的有效措施。

⑮屋盖上、下弦杆应布置连续的水平支撑。桁架在安装过程中,应设置临时支撑。

4.7.2 设计计算方法

1) 基本原则

①竹桁架设计时,各杆件轴力和弯矩的取值应符合下列规定:

a. 杆件的轴力应取两端轴力的平均值;

b. 弦杆节间弯矩应取该节间所承受的最大弯矩;

c. 拉弯或压弯杆件的轴力应取杆件两端轴力的平均值,弯矩应取杆件跨中弯矩与两端弯矩中较大者。

②竹桁架构件内力与变形应进行静力分析,屋面均布荷载应根据桁架间距、受荷面积均匀分配到桁架弦杆上。

2) 计算公式

①轴心受拉构件的承载力应按下式进行验算:

$$\frac{N_t}{A_n} \leqslant f_{td} \tag{4.33}$$

式中　f_{td}——竹材顺纹抗拉强度设计值,N/mm²;

　　　N_t——轴心受拉构件拉力设计值,N;

　　　A_n——受拉构件净截面面积,mm²。

②轴心受压构件的承载力应按下式进行验算:

a. 按强度验算:

$$\frac{N_c}{A_n} \leqslant f_{cd} \tag{4.34}$$

b. 按稳定验算:

$$\frac{N_c}{\varphi A_0} \leqslant f_{cd} \tag{4.35}$$

式中　f_{cd}——竹材顺纹抗压强度设计值,N/mm²;

　　　N_c——轴心受压构件压力设计值,N;

　　　A_n——受压构件净截面面积,mm²;

　　　A_0——受压构件截面计算面积,mm²;

　　　φ——轴心受压构件稳定系数,可按现行标准《轻型木桁架技术规范》(JGJ/T 265)取用。

③构件局部受压的承载力按式(4.27)进行验算。

④受弯构件的抗弯承载力应按下式进行验算:

$$\frac{M}{W_n} \leqslant f_{md} \tag{4.36}$$

式中　f_{md}——竹材抗弯强度设计值,N/mm^2;

　　　　M——受弯构件弯矩设计值,N·mm;

　　　　W_n——受弯构件净截面模量,mm^3。

⑤受弯构件的抗剪承载力按式(4.26)进行验算。

⑥拉弯构件的承载力应按下式进行验算:

$$\frac{N_t}{A_n f_{td}} + \frac{M}{W_n f_{md}} \leq 1 \tag{4.37}$$

式中　N_t——轴向拉力设计值,N;

　　　　M——弯矩设计值,N·mm;

　　　　A_n——拉弯构件净截面面积,mm^2;

　　　　W_n——拉弯构件净截面模量,mm^3;

　　　$f_{td} \cdot f_{md}$——竹材顺纹抗拉强度设计值、抗弯强度设计值,N/mm^2。

⑦压弯构件的承载力应按下式进行验算:

a. 按强度验算:

$$\frac{N_c}{A_n f_{cd}} + \frac{M}{W_n f_{md}} \leq 1 \tag{4.38}$$

b. 按稳定验算:

$$\frac{N_c}{\varphi_m A} \leq f_{cd} \tag{4.39}$$

式中　N_c——轴向压力设计值,N;

　　　　f_{cd}——竹材顺纹抗压强度设计值,N/mm^2;

　　　　φ_m——考虑轴向力和弯矩共同作用的折减系数,可按现行标准《轻型木桁架技术规范》(JGJ/T 265)取用。

⑧竹桁架及其杆件的变形按式(4.7)验算,桁架及其杆件的变形限值(mm),可按现行标准《轻型木桁架技术规范》(JGJ/T 265)取用。

⑨连接和连接件应按现行国家标准《钢结构设计标准》(GB 50017)和《木结构设计标准》(GB 50005)的规定进行承载力验算。

5

竹连接设计

5.1 桁架节点

桁架节点按节点形式主要可以分为绑扎节点、销节点、内填芯节点、外接构件节点等。

5.1.1 绑扎节点[3-7]

绑扎节点是最常见的节点，传统方法常用自然植物节点，如椰子的纤维、棕榈叶、树的内皮和竹藤等，现在比较常用的是用棕绳、铁丝等，其中棕绳只承受拉力，不存在压力和剪切力，一般也不用考虑绳的自重。棕绳在使用前可通过油浸使其具有一定韧性和力度。

（1）绑扎节点原竹构型

绑扎节点形式多样，节点构件最好能够全截面接触，其中比较常见的是采用类似鱼嘴的构造，如图5.1所示。

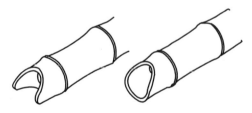

图5.1　原竹构件类似鱼嘴构型

（2）绑扎节点形式

绑扎节点可单独进行绑扎，如图5.2（a）所示。为了限制斜杆的相对水平位移，基于桁架受力机理，可在垂直方向加压压紧斜杆，如图5.2（b）所示。如果采伐后未经烘干，原竹会收缩，故即使捆扎很紧，由收缩带来的变形也可能很大，所以应采用烘干后的原竹进行绑扎连接。

（3）绑扎节点优化

绑扎节点也可通过穿孔、销、竹片等方式提供绑扎点，保证节点的可靠性，如图5.3

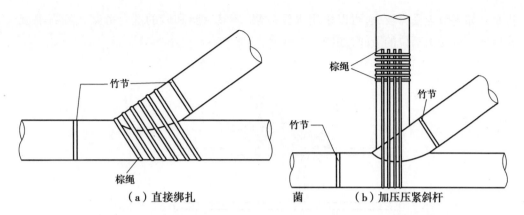

（a）直接绑扎　　　　菌　（b）加压压紧斜杆

图 5.2　绑扎节点

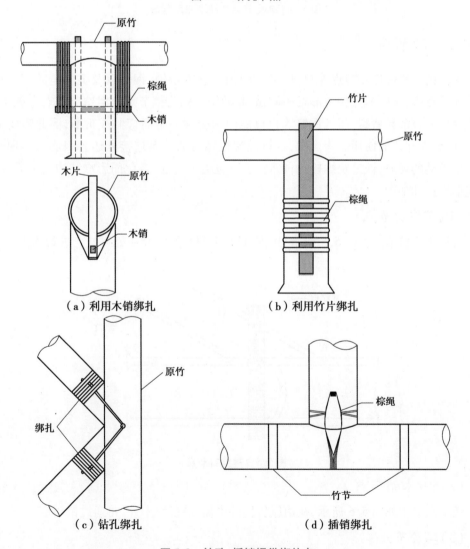

（a）利用木销绑扎　　　　（b）利用竹片绑扎

（c）钻孔绑扎　　　　（d）插销绑扎

图 5.3　钻孔、插销提供绑扎点

所示。如果节点受力较大，可以采用水泥砂浆、环氧树脂和砂的混合砂浆或细石混凝土等填充节点受力部位的节间，如图 5.4 所示。

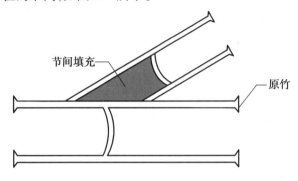

图 5.4　绑扎节点竹间填充示意图

5.1.2　销节点[3-6, 8]

采用销类构件进行节点连接，广义上的销可分为木销、钢销以及类似销的钢贯穿钉及螺栓节点等，这些节点受力形式相似，故此处统一归为销节点。但这类节点在施工中，由于原竹壁较薄易劈裂，而且铁钉等也可能因为受到冲击而弯曲或折断，因此需要采用绑扎加固；在建筑的使用过程当中，铁钉及螺栓螺母的节点连接处还会因逐渐出现间隙而产生松动的现象；铁钉及螺栓在自然状态下也因锈蚀、老化而影响结构的可靠性，需要定期维护和加固。

（1）贯穿钉节点

常见贯穿钉节点如图 5.5 所示，用钢钉贯穿两根原竹，端头处可拧弯进行锚固。

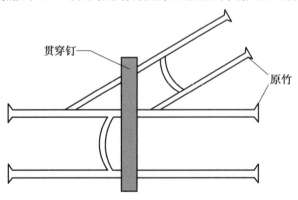

图 5.5　贯穿钉节点

（2）钢/木销节点

销节点应用如图 5.6 所示，在两原竹构件中插入钢片/木片，再通过销固定。

（3）螺栓节点

图 5.7 为原竹桁架中常见的螺栓节点。螺栓节点通常采用螺栓在原竹杆件直径方

向上贯穿多根杆件,并在外表面进行固定。此类节点通常通过螺栓传递剪力,如图5.7(a)所示;也可将两根竹杆进行垂直方向连接,如图5.7(b)所示。螺栓沿杆件直径方向穿过其中一根竹杆,在另一根轴向竹筒内部锚固,此类节点可传递拉压力。

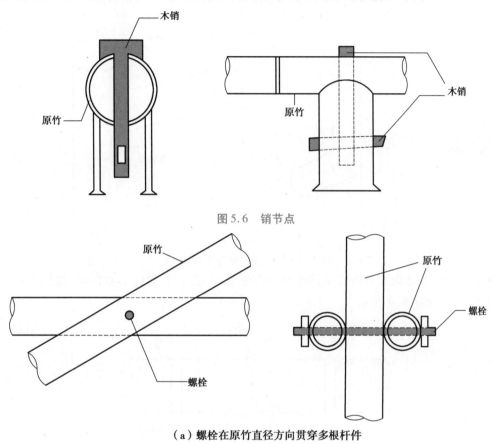

图5.6 销节点

（a）螺栓在原竹直径方向贯穿多根杆件

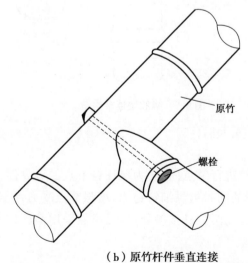

（b）原竹杆件垂直连接

图5.7 螺栓节点

螺栓在实际原竹工程应用较多,为提高螺栓节点的受力性能,研究人员提出了各类分散螺栓压力、增强节点整体性的手段,以下提供两种做法。

①图 5.8 为一种类似"螺栓盖"节点,通过扩大锚固端面积,使得螺栓的压力能均匀分布到原竹上。

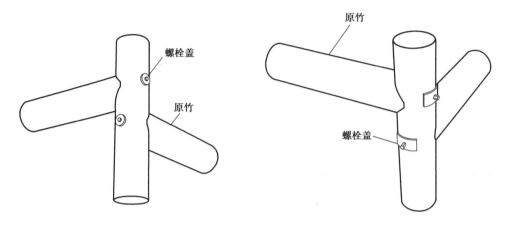

图 5.8　"螺栓盖"做法示意图

②另一种方法为在节点处采用橡胶分散螺栓压力,更能缓解节点振动,增强节点区域动力性能,如图 5.9 所示。

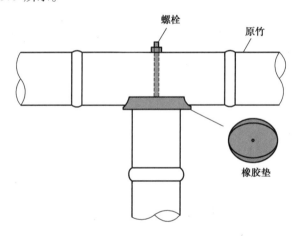

图 5.9　橡胶垫连接构造

5.1.3　内填芯节点[9, 10]

内填芯节点常采用细钉进行节点固定,为保证钉节点的可靠性,常在节点处竹间内填入木块,为原竹提供支撑的同时可供细钉钉入,增强节点受力性能。常见内填芯钉节点如图 5.10 所示,采用细钉在两竹杆接触处钉入,虽然采用截面较小的钉,但因原竹自身特性,仍易造成竹材劈裂。

5.1.4 外接构件节点[3-7, 9]

外接构件节点通常采用安装节点钢构件、混凝土灌浆加强等手段,在竹杆端部安装接头进行杆件之间的连接,或外接额外构件提供连接平台,将所有需要连接的原竹杆件连接到此连接平台上。为了保证节点的刚度和稳定性,便于钢构件的连接,通常会在构件节点范围所在的原竹空腔内部进行水泥砂浆的灌注填充,并且为防止接头处竹劈裂,常采用套箍的方式进行约束。钢构件装配式节点连接牢固,装拆较为方便,部分构件可循环使用,同时能防虫、抗水、抗劈裂,在各类节点连接方式中工作性能较为优越。

外接构件节点按空间形式可大致分为平面桁架构件节点及空间桁架外接节点。

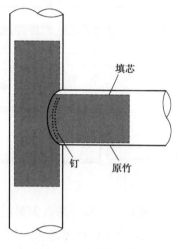

图 5.10 内填芯节点

(1)平面桁架外接构件节点

常见的一类平面桁架外接构件节点为外接钢板节点。在各竹杆内部灌浆并插入外伸钢板,各根竹杆件加工完成后进行节点连接。当多根竹子汇集一点时,在中心钢构件上多个方向的钻孔钢(肋)板通过长杆高强度螺栓、螺帽、金属垫圈、铁箍等方式相互连接,形成原竹外接钢板节点,如图 5.11 所示。

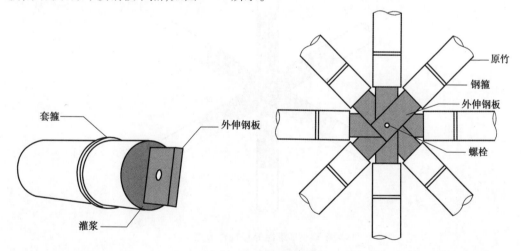

图 5.11 灌浆钢板节点

为节省施工时间,可省去灌浆过程,采用套箍、螺栓等固定方式实现外接构件和原竹杆件的连接。

①套箍外接钢板连接即在原竹杆件端部附近套箍,并在套箍上固定外接钢板,供节点连接,如图 5.12 所示。

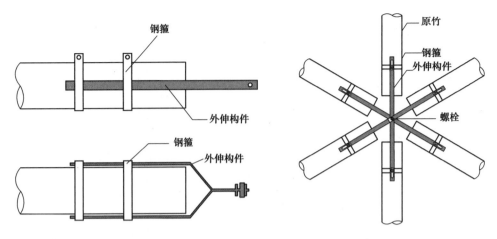

图 5.12　套箍外伸钢板连接

②螺栓外接构件节点则采用螺栓将外接构件和竹杆进行固定,外接构件可位于竹杆外部,也可位于竹杆内部,如图 5.13 所示。

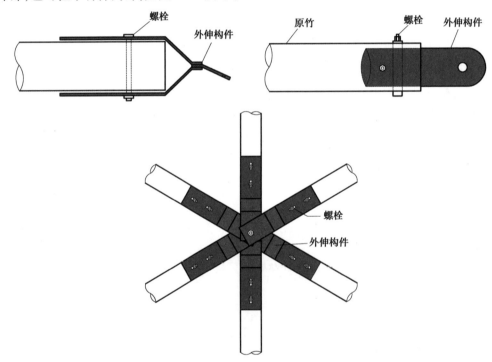

图 5.13　螺栓外接构件节点

(2)空间桁架外接构件节点

为实现原竹构件的空间节点连接,可采用多种形式的外接构件空间节点。

图 5.14 所示为预钻孔的金属球节点,即金属球预留孔洞和原竹端部外接节点件进行连接。此处节点件可采用图 5.14(a)所示的锥形中空外接件,也可采用图 5.14(b)所示的金属螺杆外接件。此类节点空间构型和外接钢板节点类似,但由于金属球的空间构

型,杆件可固定的方向更多更灵活。

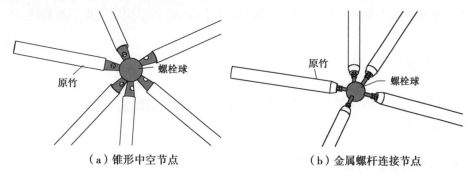

（a）锥形中空节点　　　　　　　　（b）金属螺杆连接节点

图 5.14　金属球空间桁架节点

此外,也可采用焊接薄钢板空间节点、套筒连接节点等方式,实现定向的空间构型,如图 5.15 所示。

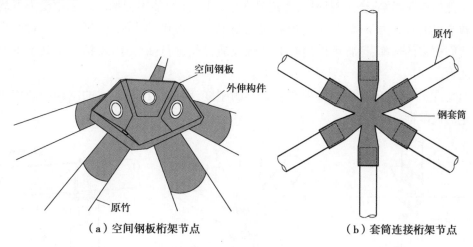

（a）空间钢板桁架节点　　　　　　　（b）套筒连接桁架节点

图 5.15　其他类型空间桁架节点

5.1.5　其他节点连接方式[4]

原竹桁架节点也可采用胶连接等连接方式,胶连接节点要求斜向竹杆与水平竹杆的圆形表面有良好的连接。这需要较高的工艺水平,实现可靠连接相对困难,实际工程中较少采用。

5.1.6　原竹桁架节点设计要点[11]

①如果内部构件的轴线不与中心线重合,进行强度计算时应考虑偏心的影响。

②节点设计需考虑构件含水率、荷载取值和持续时间、节点滑移的影响,并基于试验结果进行分析。

③一般可以假定节点是铰接的。

④除非节点滑移对内力和弯矩分布影响较小,一般在进行强度计算时必须考虑节点

的滑移。

⑤如果节点的变形对构件的内力分布没有显著影响,可以假定节点不可旋转。

5.2 梁柱节点

竹结构的梁柱节点同样也可以采用捆绑式节点、螺栓(螺钉)固定节点、穿斗式节点以及金属连接件节点。

5.2.1 捆绑式节点

捆绑式节点是通过捆扎技术将竹子的各单元结合在一起,是主结构的一种常用的连接形式(图5.16)。常用的捆扎材料有棕绳、铁丝等。棕绳在使用过程中,由于受到自然气候条件的变化影响,会出现松散、腐烂等现象,而且还可能因为捆绑过程中受力不均匀而导致节点的承载力下降,甚至出现断裂的情况。在现代竹建筑建设中,新材料的出现给了我们更多的选择,通常可以用合成纤维或镀锌丝进行捆绑连接,提高了其承重力和抗弯能力。

但是,由于绑扎不会在连接中产生足够的刚度,因此在比较正式的结构中的应用具有一定的局限性。

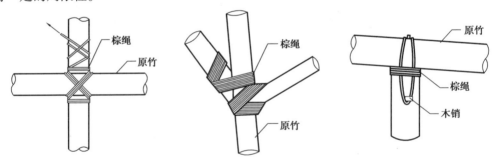

图5.16 捆绑式节点

5.2.2 螺栓(螺钉)固定节点

此类节点是采用螺栓或螺钉将竹构件连接起来[图5.17(a)],其安装速度比捆绑式节点快,连接方式较为简单。但由于原竹壁通常较薄,在安装过程中容易出现竹子劈裂的现象,从而导致螺栓或螺钉连接的承载力无法保证,节点连接不可靠。此外,螺栓或螺钉还可能在连接处出现松动的现象,且螺栓(螺钉)在自然状态下也会因环境因素而发生锈蚀,从而影响结构的牢固性。图5.17(b)所示为原竹通过绑扎形成复合构件,复合构件之间采用螺栓进行连接。

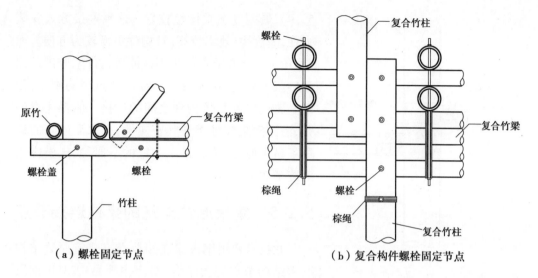

（a）螺栓固定节点　　　　　　（b）复合构件螺栓固定节点

图 5.17　螺栓（螺钉）固定节点

5.2.3　穿斗式节点

穿斗式节点是木结构中的一种常用节点形式,原竹结构也可采用这种节点形式将梁与柱进行连接(图 5.18)。竹构件穿斗在一起,相互间形成一定的拉牵作用,具有较好的延性,使得结构具有一定的抗震性能。

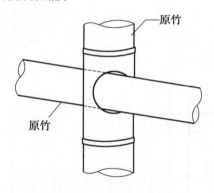

图 5.18　穿斗式节点

虽然这种连接形式构造较为简单,但在竹结构中的应用还是存在一定的问题。首先竹子的耐冲击强度较低,横、顺纹强度不对称,在横纹受力方向的竹子容易发生弯曲折断。其次,竹子的顺纹抗剪强度和抗劈裂强度都不太高,节点处承受竖向荷载的柱子也容易发生劈裂破坏。而且,穿斗式连接方式对构件截面削弱大,不能充分发挥原竹杆件的刚度,其防腐、防蛀也难于处理。

5.2.4　金属连接件节点

金属连接件节点是通过金属连接件、螺栓等将竹构件连接成整体为形成的(图

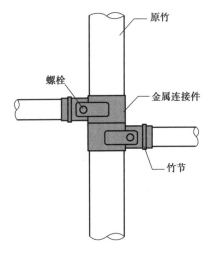

图 5.19　金属连接件节点

5.19），其刚度和整体性较好。这种连接方式安装方便，速度快，效率较高，且构件更换较为方便。通常，还可以将在节点区范围内的竹构件空腔内部灌注砂浆填充料，从而进一步提高节点区的刚度，便于金属连接件与竹构件之间的连接。值得注意的是，灌注砂浆较难保证其密实性，且水泥砂浆的终凝不易掌握，给施工带来一定的不便，大规模应用时施工效率不高。

5.2.5　集束原竹建筑的梁柱连接节点

此技术利用钢板式连接节点方式将原竹结构与钢结构节点完美结合，节点主要由 Q235B 钢嵌板、厚钢端板以及螺孔构成，安装前由工厂加工焊接成型。其中直柱与主梁（图 5.20）、曲柱与主梁（图 5.21）、主梁与檩条（图 5.22）均由钢端板作为连接段。钢嵌板作为锚固段采用图中方式牢固穿接，钢嵌板嵌入深度由部件拼接层数确定，待直柱和曲柱吊装完成后，将连接件下部钢嵌板预装固定在柱顶，再吊装主梁与上部钢嵌板结合，调整钢端板角度使其在设计要求误差范围以内，无误后用 M10 螺杆进行穿接固定。

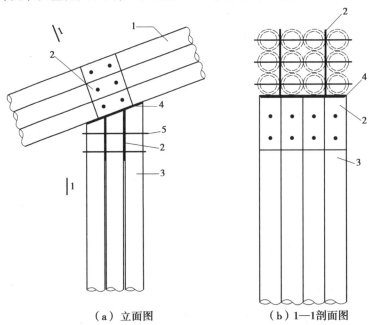

（a）立面图　　　　（b）1—1剖面图

图 5.20　直柱与主梁连接大样图

1—主梁；2—2 mm 厚钢嵌板；3—直柱；4—4 mm 厚钢端板；5—M10 螺杆

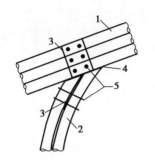

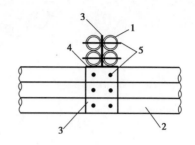

图 5.21　曲柱与主梁连接大样图
1—主梁;2—曲柱;3—2 mm 厚钢嵌板;
4—4 mm 厚钢端板;5—M10 螺杆

图 5.22　主梁与檩条连接大样图
1—檩条;2—主梁;3—2 mm 厚钢嵌板;
4—4 mm 厚钢端板;5—M10 螺杆

5.3　墙-板连接节点

　　这种节点主要针对预制墙体承重体系结构中墙板与楼板的连接,连接处由 3 块预制竹骨架板件(两块墙板、一块楼板)和金属连接件组成,如图 5.23 所示。

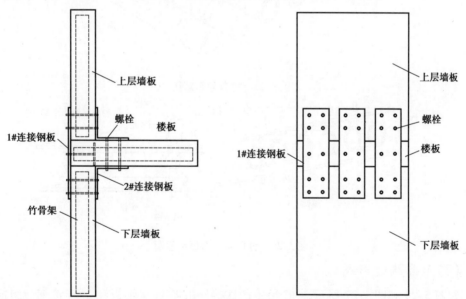

图 5.23　墙-板节点构造示意图

(1)竹骨架板

　　此原竹结构的墙板为预制竹骨架灌注石膏的复合板,其具体做法如下:首先切好若干根竹骨并开孔,接着通过预制的钢卡箍(图 5.24)和螺栓将竹骨连成一排,形成竹骨架(图 5.25),随后,分别在两侧通过螺栓接上面板(如 OSB 板等)(图 5.26),最后支模浇注石膏。

图 5.24　钢卡箍示意图

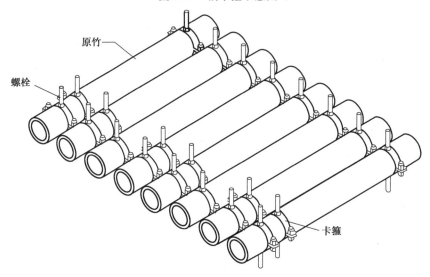

图 5.25　竹骨架示意图

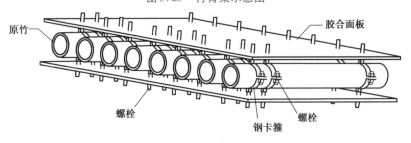

图 5.26　竹骨架 + 面板示意图

（2）节点构造形式

如图 5.23 和图 5.27 所示,一个节点的连接件由 1#连接钢板和 2#连接钢板组成,每一块钢板都提前在相应位置上留好孔洞,只需在拼装时,将墙楼板上的螺栓与这些孔洞一一对应穿过,最后拧上螺母即可。

值得一提的是,图 5.27 中画圈部分是一种螺栓 & 螺母组合件,其具体构造如图 5.28 所示。这样的连接形式主要是为了防止 1#连接钢板的鼓屈以及限制楼板在水平方向上的位移,加强节点区的整体性和稳定性。

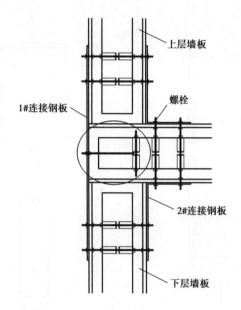

图5.27　节点构造形式

图5.28　螺栓 & 螺母组合件的组合示意图

5.4　柱脚抗拉节点

本节主要介绍两种原竹抗拉节点,一种为外夹钢板连接节点,另一种为内嵌钢板灌浆连接节点。

5.4.1　外夹钢板连接节点

外夹钢板连接节点将螺杆对穿原竹,与外置的 U 形夹具连接固定,节点具体构造如图5.29所示。

5.4.2　内嵌钢板灌浆连接节点

内嵌钢板灌浆连接节点如图5.30所示,其将开孔钢板放置在竹筒内,通过螺杆穿接将钢板与原竹固定,同时在竹筒内填入灌浆料。该连接方式仅在原竹外壁留有螺母,可以保证建筑的美观性,同时灌浆料能紧密联系各个部件,使连接可靠。

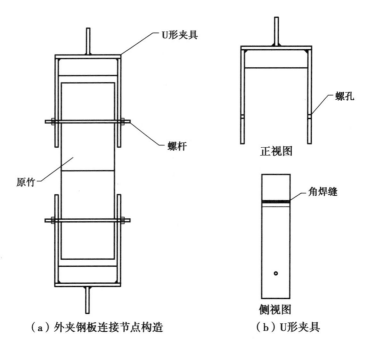

（a）外夹钢板连接节点构造　　　（b）U形夹具

图 5.29　外夹钢板连接节点

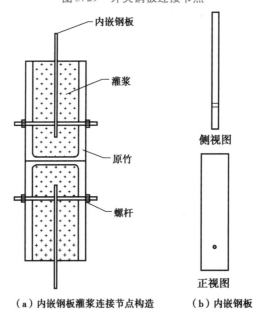

（a）内嵌钢板灌浆连接节点构造　　　（b）内嵌钢板

图 5.30　内嵌钢板灌浆连接节点

5.5　拼接

原竹拼接节点形式多样,按节点方式可分为搭接节点、对接节点、套接节点及外接构件类拼接节点等。

5.5.1　搭接节点[3,4]

搭接节点常采用绑扎和销/钉节点等方式相结合，钉和插销通常穿过多个原竹杆件搭接部分，再辅以绑扎进一步固定各个杆件，如图5.31所示。此类节点主要靠钉、销或者螺栓传递剪力作用。

5.5.2　对接节点[1]

原竹对接节点只能传递较小荷载，常采用绑扎方式连接，其实现方法如图5.32所示。连接的两原竹需要直径接近，杆件接头处应为竹间部分避开竹节部位，并在内部放置木棒等填芯，在两杆件端部第二竹间处打孔并穿入铁丝、麻绳等相互绑扎成"8"字形。此类节点在受压时主要由原竹杆件承受压力，在受拉时则由绑扎物承受拉力，并作用于各杆件穿绳、铁丝的孔壁处。此类节点也可采用销钉或螺栓将内填芯和原竹连接。

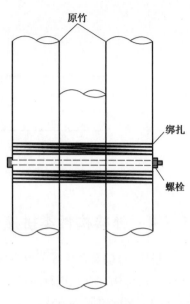

图5.31　搭接节点

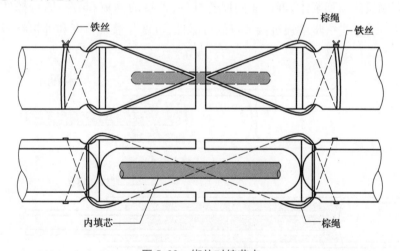

图5.32　绑扎对接节点

5.5.3　套接节点[1]

套接节点用于连接两根直径大小不同的原竹杆件，其构造形式为"粗套细"，即直径较细的原竹杆件端部插入较粗的原竹杆件内部，并抵到粗原竹杆件内部竹节处承受压力，并采用销钉沿直径方向穿过两原竹杆件固定，也可采用钢/木插销、螺栓等。此类拼接节点主要传递压力，若受拉则由钉（销、螺栓）等传递，可能造成竹材劈裂。其构造形式如图5.33所示。

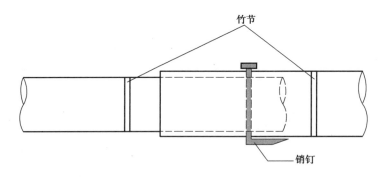

图 5.33　套接节点

5.5.4　外接构件类拼接节点[2, 5]

搭接、对接及套接等节点方式只能传递较小的力,若需满足更高承载力要求,则需要采用外接钢构件方式进行连接。和桁架节点类似,原竹拼接节点外接钢构件也可采用灌浆、套箍、螺栓锚固等方式。

（1）灌浆外接构件拼接节点

此类节点采用在原竹内部灌浆并埋入节点钢板的方式,其受力模式如图5.34(a)所示。轴力由钢板传递到浆体,再传递到原竹杆件,外接的钢板和另一原竹杆件的外接钢板进行连接。若需进一步增强拼接节点的可靠性,可增长灌浆长度和外接钢板的锚固长

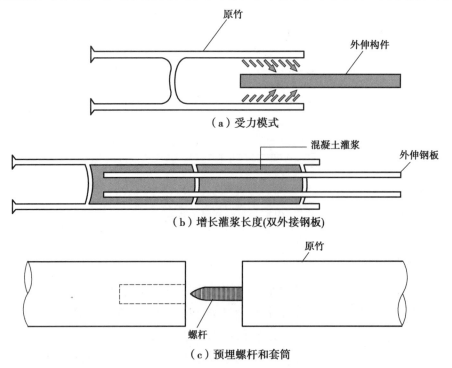

（a）受力模式

（b）增长灌浆长度(双外接钢板)

（c）预埋螺杆和套筒

图5.34　灌浆外接构件拼接节点

度,以及采用两块外接钢板以提高抗弯能力,如图 5.34(b)所示;也可采用预埋螺杆和套筒的方法,将螺杆拧入另一杆件中的预埋套筒,通过螺纹传递轴向力,如图 5.34(c)所示。

(2)非灌浆外接构件拼接节点

通过采用锥形木塞、套箍等方式固定外接钢构件则可省去灌浆流程,简化施工步骤,如图 5.35 所示。图 5.35(a)所示做法是在竹杆的端部放置一个锥形的木塞,外套锥形的钢或铝环,用钢螺栓与木塞固定;图 5.35(b)所示则采用套箍与螺栓固定钢构件。

若需进一步增强拼接节点,可采用金属套筒。套筒方向为两对接竹杆件轴向方向,其实现形式和套筒桁架节点类似,如图 5.36 所示。

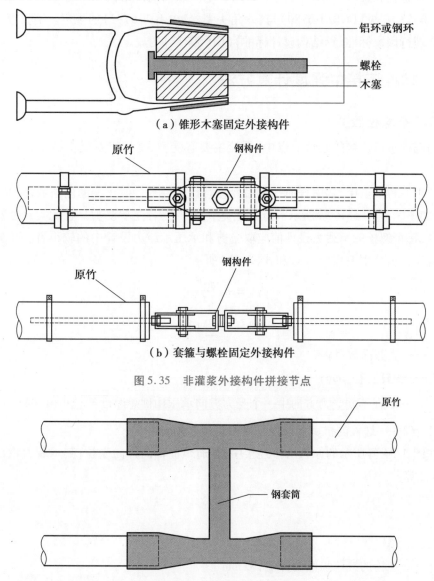

（a）锥形木塞固定外接构件

（b）套箍与螺栓固定外接构件

图 5.35　非灌浆外接构件拼接节点

图 5.36　套筒拼接节点

5.6 节点计算要点

5.6.1 金属连接件材料选用

连接用螺栓应采用4.6级与4.8级螺栓及5.6级与8.8级普通螺栓,其质量应符合现行国家标准《紧固件机械性能 螺栓、螺钉和螺柱》(GB/T 3098.1)和《紧固件公差 螺栓、螺钉、螺柱和螺母》(GB/T 3103.1)的规定。螺栓的规格尺寸应符合现行国家标准《六角头螺栓 C级》(GB/T 5780)与《六角头螺栓》(GB/T 5782)的规定。钢板等辅助连接应符合现行国家标准《钢结构设计标准》(GB 50017)的规定。

5.6.2 螺栓连接中强度计算方法

(1)单个螺栓验算

采用螺栓进行连接的原竹节点中,螺栓主要有受剪、受拉以及受剪拉联合作用3种受力方式。

在各类原竹节点中,常用普通螺栓沿原竹直径穿过平行或正交的两根或多根原竹进行连接,如图5.7、图5.19等所示节点。此类节点中,螺栓主要受剪。在此类普通螺栓抗剪连接中,每个螺栓的承载力设计值应取受剪和承压承载力设计中的较小者。受剪和承压承载力设计值分别按式(5.1a)和式(5.1b)所示。

$$N_v^b = n_v \frac{\pi d^2}{4} f_v^b \tag{5.1a}$$

$$N_c^b = d \sum t f_c^b \tag{5.1b}$$

式中 n_v——受剪面数目;

d——螺杆直径,mm;

$\sum t$——在不同受力方向中一个受力方向承压构件总厚度的较小值,mm;

f_v^b、f_c^b——螺栓的抗剪和承压强度设计值,N/mm²。

在如图5.34等所示的原竹对接连接中,普通螺栓轴向方向受拉,其承载力设计值按式(5.3)计算:

$$N_t^b = \frac{\pi d_e^2}{4} f_t^b \tag{5.2}$$

式中 d_e——螺栓螺纹处有效直径,mm;

f_t^b——螺栓的抗拉强度设计值,N/mm²。

图5.34所示灌浆外接节点中,螺钉同时承受剪力和杆轴方向拉力,其承载力应符合式(5.3a)、式(5.3b)的要求:

$$\sqrt{\left(\frac{N_v}{N_v^b}\right)^2 + \left(\frac{N_t}{N_t^b}\right)^2} \leqslant 1.0 \qquad (5.3\text{a})$$

$$N_v \leqslant N_c^b \qquad (5.3\text{b})$$

式中　N_v、N_t——分别为某个普通螺栓所承受的剪力和拉力，N；

　　　N_v^b、N_t^b——一个普通度螺栓的受剪、受拉承载力设计值，N；

　　　N_c^b——一个普通螺栓的承压承载力设计值，N。

（2）螺栓群的受力计算方法

采用螺栓群辅助连接的原竹节点连接中，螺栓群主要受剪力扭矩联合作用（偏心受剪）。

前文提到的集束原竹建筑梁柱连接节点采用螺栓群对节点进行连接，其中螺栓群受剪力和弯矩的联合作用。如图5.37所示，该受力状态可以分解为轴心剪力 F 与扭矩 $T = Fe$ 的作用。轴心剪力 F 作用下，每个螺栓平均承受竖直向下的剪力，则有：

$$N_{1F} = \frac{F}{n} \qquad (5.4)$$

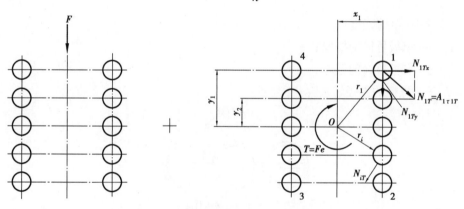

图 5.37　螺栓群偏心受剪

在扭矩 $T = Fe$ 的作用下每个螺栓均受剪，但承受的剪力大小或方向均有所不同。为了便于设计，连接计算从弹性的角度出发，假设连接板件为刚性，连接板件绕螺栓群形心旋转，各螺栓所受剪力大小与该螺栓至形心距离 r_i 垂直。不同距离螺栓所受剪力按式（5.5）计算：

$$N_{iT} = A_i \tau_{iT} = A_i \frac{T \cdot r_i}{I_p} = A_i \frac{T \cdot r_i}{A_i \cdot \sum r_i^2} = \frac{T \cdot r_i}{\sum r_i^2} \qquad (5.5)$$

式中　A_i——单个螺栓的截面积；

　　　τ_{iT}——螺栓的剪应力；

　　　I_p——螺栓群对形心 O 的极惯性矩；

　　　r_i——任一螺栓至形心的距离。

将 N_{iT} 分解为水平分力 N_{iTx} 和垂直分力 N_{iTy}：

$$N_{iTx} = N_{iT} \cdot \frac{y_i}{r_i} = \frac{T \cdot y_i}{\sum r_i^2} = \frac{T \cdot y_i}{\sum x_i^2 + \sum y_i^2} \tag{5.6a}$$

$$N_{iTy} = N_{iT} \cdot \frac{x_i}{r_i} = \frac{T \cdot x_i}{\sum r_i^2} = \frac{T \cdot x_i}{\sum x_i^2 + \sum y_i^2} \tag{5.6b}$$

获取螺栓剪力后按照式(5.1)进行验算。

（3）双剪螺栓连接的计算

对于双剪螺栓连接形式（图5.38），将两端竹筒视为夹板，中间竹筒视为填板，可按下式计算单剪的强度：

①按填板承压计算：

$$[T] = 200\delta_c d_H \tag{5.7a}$$

②按夹板承压计算：

$$[T] = 200\delta_a d_H \tag{5.7b}$$

③按螺栓受弯计算：

$$[T] = 200 d_H^2 \tag{5.7c}$$

式中　$[T]$——单剪强度；

　　　δ_c——填板竹筒的壁厚；

　　　δ_a——夹板竹筒的壁厚；

　　　d_H——螺杆的直径。

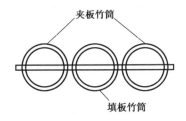

图5.38　双剪螺栓连接

在原竹上，螺栓排列顺纹方向的最小容许间距为：

$$S = \frac{[T]}{2\delta[\tau]} \tag{5.8}$$

式中　δ——竹筒的壁厚；

　　　$[\tau]$——竹材的顺纹抗剪强度。

5.6.3　销轴连接计算

图5.11所示的灌浆钢板节点以及图5.13所示的螺栓外接构件节点中，连接钢板均采用销轴连接的方式。其构造应符合下列规定：

①销轴孔中心应位于耳板的中心线上，其孔径与直径相差不应大于1 mm。

②耳板两侧宽厚比 b/t 不应大于4，几何尺寸应符合下列公式规定：

$$a \geq \frac{4}{3} b_e \tag{5.9a}$$

$$b_e = 2t_e + 16 \leq b \tag{5.9b}$$

式中 b——连接耳板两侧边缘与销轴孔边缘净距,mm;

t_e——耳板厚度,mm;

a——顺受力方向,销轴孔边距板边缘最小距离,mm。

③销轴表面与耳板孔周表面宜进行机加工。

④连接耳板应按下列公式进行抗拉、抗剪强度的计算:

a. 耳板孔净截面处的抗拉强度:

$$\sigma = \frac{N_t}{2t_e b_1} \leq f \tag{5.10a}$$

$$b_1 = \min\left(2t_e + 16, b - \frac{d_0}{3}\right) \tag{5.10b}$$

b. 耳板端部截面抗拉(劈开)强度:

$$\sigma = \frac{N_t}{2t_e\left(a - \frac{2d_0}{3}\right)} \leq f_{tde} \tag{5.11}$$

c. 耳板抗剪强度:

$$\tau = \frac{N_t}{2t_e Z} \leq f_{vde} \tag{5.12}$$

$$Z = \sqrt{\left(a + \frac{d_0}{2}\right)^2 - \left(\frac{d_0}{2}\right)^2} \tag{5.13}$$

式中 N_t——杆件轴向拉力设计值,N;

b_1——计算宽度,mm;

d_0——销孔直径,mm;

f_{tde}——耳板抗拉强度设计值,N/mm²;

Z——耳板端部抗剪截面宽度,mm;

f_{vde}——耳板钢材抗剪强度设计值,N/mm²。

⑤销轴应按下列公式进行承压、抗剪与抗弯强度的计算:

a. 销轴承压强度:

$$\sigma_c = \frac{N}{dt_e} \leq f_c^b \tag{5.14}$$

b. 销轴抗剪强度:

$$\tau_b = \frac{N}{n_v \pi \frac{d^2}{4}} \leq f_v^b \tag{5.15}$$

c. 销轴的抗弯强度:

$$\sigma_b = \frac{M}{15\frac{\pi d^3}{32}} \leqslant f^b \qquad (5.16)$$

$$M = \frac{N}{8}(2t_a + t_b + 4L_e) \qquad (5.17)$$

d. 计算截面同时受弯受剪时组合强度,应按下式验算:

$$\sqrt{\left(\frac{\sigma_b}{f^b}\right)^2 + \left(\frac{\tau_b}{f_v^b}\right)^2} \leqslant 1.0 \qquad (5.18)$$

式中　N——受压、剪力,N;

　　　　d——销轴直径,mm;

　　　　f_c^b——销轴连接中耳板的承压强度设计值,N/mm²;

　　　　n_v——受剪面数目;

　　　　f_v^b——销轴的抗剪强度设计值,N/mm²;

　　　　M——销轴计算的抗弯强度设计值,N·mm;

　　　　f^b——销轴的抗弯强度设计值,N/mm²;

　　　　t_a——两端耳板厚度,mm;

　　　　t_b——中间耳板厚度,mm;

　　　　L_e——端耳板和中间耳板间距,mm。

5.6.4　柱脚抗拉连接设计计算

针对本章 5.1.5 节中的两种抗拉连接,给出构造措施与计算方法。

(1)外夹钢板连接节点

外夹钢板连接节点建议按照如下构造:

①保证圆竹外壁与贴合紧密;

②保证圆竹最小螺孔端距满足 $l/d \geqslant 8$。

外夹钢板连接节点极限承载力按下式计算:

$$F_u = 2f_{em}t_b d \qquad (5.19)$$

式中　F_u——试件极限抗拉承载力,kN;

　　　　f_{em}——圆竹顺纹抗压强度值,根据材性试验所得,N/mm²;

　　　　d——螺杆直径,mm;

　　　　t_b——试件中圆竹的平均壁厚,mm。

(2)内嵌钢板灌浆节点

内嵌钢板灌浆连接节点建议按照如下构造:

①提高圆竹内壁粗糙度,保证灌浆料先发生开裂退出工作;

②保证圆竹最小螺孔端距满足 $l/d \geqslant 8$;

③保证圆竹最小螺杆直径满足 $d/D \geqslant 0.09$。

内嵌钢板灌浆节点极限承载力按下式计算:

$$F'_\mathrm{u} = 8f_\mathrm{cd}d\left[\frac{t-d}{4} + \sqrt{\frac{(D-t)^2 + t^2}{16} + \frac{k_\mathrm{w}f_\mathrm{t}^\mathrm{b}\pi d^2}{128f_\mathrm{cd}}}\right] \tag{5.20}$$

式中　f_cd——圆竹顺纹抗压强度值,根据材性试验所得,N/mm²;

d——螺杆直径,mm;

t——试件中圆竹的平均壁厚,mm;

D——圆竹外径,mm;

f_t^b——螺杆抗拉强度,N/mm²;

k_w——螺杆塑性发展系数,可取1.7。

6

结构体系设计

6.1　原竹结构设计

6.1.1　低层原竹墙体承重体系

1)一般规定

①低层原竹墙体承重体系一般为3层以下,主要用于民用建筑。

②不考虑地下建筑结构。

③结构应具备全寿命周期的适应性。

④在设计使用年限内,未经技术鉴定或设计许可,不得改变结构的用途和使用环境。

⑤结构应满足防火、防水、隔热、隔声等设计要求。

2)承载能力极限状态计算

①原竹结构的承载能力极限状态计算应包括以下内容:

a.结构构件应进行承载力和稳定性计算;

b.荷载反复作用的构件应进行疲劳验算;

c.在抗震设防要求下,应进行抗震承载力计算;

d.必要时应进行结构的倾覆、滑移、漂浮和抗连续性倒塌验算。

②原竹结构构件的承载力极限状态设计应符合下列要求:

a.不考虑地震作用组合时,采用下列极限状态设计表达式:

$$\gamma_0 S \leqslant R \tag{6.1}$$

式中　γ_0——结构重要性系数,安全等级为一级的结构构件取1.1,安全等级为二级的结构构件取1.0,安全等级为三级的结构构件取0.9;

S——承载能力极限状态的荷载效应按基本组合的设计值,按现行国家标准《建筑

结构荷载规范》(GB 50009)计算;

R——结构构件的承载力设计值。

b. 考虑地震作用组合时,采用下列极限状态设计表达式:

$$S_E \leq R\gamma_{RE} \qquad (6.2)$$

式中 S_E——地震作用效应与其他荷载效应按基本组合的设计值,按现行国家标准《建筑抗震设计规范》(GB 50011)进行计算;

γ_{RE}——结构构件承载力抗震调整系数,取 1.0。

③对于承受偶然荷载作用的结构,作用效应设计值按偶然组合计算,结构重要性系数 γ_0 不应小于 1.0,用材料强度标准值代替强度设计值进行计算。

3)正常使用极限状态计算

①原竹结构体系在正常使用情况下应具备足够的刚度,避免由于位移过大而影响结构的承载力、稳定性和使用,结构构件正常使用极限状态计算应包括以下内容:

a. 对有变形控制要求的构件,应进行变形验算;

b. 对有裂缝控制要求的构件,应进行应力和裂缝宽度验算;

c. 对舒适度有要求的结构,应进行竖向自振频率验算。

②原竹结构构件的正常使用极限状态设计应根据不同的设计要求采用荷载的标准组合、频遇组合、准永久组合进行计算,设计表达式如下:

$$S \leq C \qquad (6.3)$$

式中 S——正常使用极限状态的荷载效应设计值;

C——根据原竹结构建筑构件正常使用要求规定的变形、应力、裂缝宽度和自振频率等的限值。

③对于有舒适度要求的结构,住宅和公寓竖向自振频率不宜低于 5 Hz,办公楼和旅馆竖向自振频率不宜低于 4 Hz。

4)结构布置

①原竹墙体承重体系的设计方案应符合下列要求:

a. 结构的平面和立面布置应规则,各部分的质量和刚度应均匀、连续;

b. 不规则的建筑应按规定采取加强措施,特别不规则的建筑应进行专门研究和论证并采取特别的加强措施,不应采用严重不规则的建筑;

c. 结构的传力途径应简捷、明确;

d. 竖向构件应连续贯通、对齐,竖向构件截面尺寸和材料强度宜自下而上逐渐减小,避免侧向刚度和承载力突变;

e. 宜采用超静定结构,承重墙等重要构件和关键传力部位应增加冗余约束或有多条传力途径,避免因部分结构或构件的破坏而导致整个结构失效;

f. 不应在同一高度内采用不同材料的承重构件。

②不规则建筑处理应符合下列要求：

a. 原竹结构符合表 6.1 中某项不规则类型的定义即视为不规则建筑；

表 6.1　不规则建筑的主要类型

不规则类型	定义和参考指标
扭转不规则	楼层最大弹性水平位移或层间位移大于该楼层两端弹性水平位移或层间位移平均值的 1.2 倍
凹凸不规则	平面凹进一侧的尺寸大于相应投影方向总尺寸的 30%
楼板局部不连续	楼板的尺寸和平面刚度急剧变化，如有效楼板宽度小于该层楼板典型宽度的 50%，或开洞面积大于该层楼面面积的 30%，或较大的楼层错层
侧向刚度不规则	该层的侧向刚度小于相邻上一层的 70%，或小于其上相邻 3 个楼层侧向刚度平均值的 80%；除顶层或出屋面小建筑外，局部收进的水平向尺寸大于相邻下一层的 25%
竖向抗侧力构件不连续	竖向抗侧力构件的内力由水平转换构件向下传递
楼层承载力突变	抗侧力构件的层间受剪承载力小于相邻上一楼层的 65%

b. 当存在多项不规则或某项不规则超过规定的参考指标较多时，应属于特别不规则建筑，符合特别不规则的复杂体型建筑为严重不规则建筑；

c. 建筑形体及其构件布置不规则时，应按现行国家标准《建筑抗震设计规范》（GB 50011）进行地震作用计算和内力调整，并对薄弱部位采取抗震构造措施。

5）原竹墙体承重体系荷载设计

①原竹墙体承重体系自重可根据材料的容重和构件尺寸进行计算。

②结构恒载、活载限值应满足下列要求：

a. 楼面、屋面恒载标准值不宜大于 $1.0~\mathrm{kN/m^2}$；

b. 楼面活荷载标准值不宜大于 $2.5~\mathrm{kN/m^2}$；

c. 屋面活荷载标准值不宜大于 $0.5~\mathrm{kN/m^2}$。

③对于直接承受吊车荷载作用的结构构件，应考虑吊车荷载的动力系数。对于预制构件的制作、运输和安装，应考虑相应的动力系数。对于现浇的结构构件，必要时应考虑施工阶段的荷载。

6）场地和地基

①对于建筑场地的选择，应根据地质和地震资料对抗震有利、一般、不利和危险地段进行综合评价。不应在危险地段进行结构建造，应避开不利地段。

②建筑应建造在性质相同的地基上，地基不均匀时，应采取相应的措施。

③对于山区建筑,场地和地基应满足下列要求:

a. 应对边坡稳定性进行评价并提出防治方案建议;

b. 边坡设计应符合现行国家标准《建筑边坡工程技术规范》(GB 50330)的要求;

c. 位于边坡附近的建筑基础应进行抗震稳定性设计。

7) 原竹墙体承重体系抗震设计

①原竹墙体承重体系除应满足本指南要求外,尚应根据现行国家标准《建筑抗震设计规范》(GB 50011)进行结构构件抗震设计。

②结构各构件之间的性能应满足下列要求:

a. 应满足"强节点,弱构件"的要求,节点的破坏不应先于构件的破坏;

b. 应满足"强锚固,弱连接"的要求,结构中预埋件的锚固破坏不应先于连接件的破坏;

c. 装配式结构构件的连接,应保证结构的整体性。

③结构的抗震计算,应采用下列方法:

a. 对于质量和刚度沿高度分布较为均匀的结构,可采用底部剪力法进行计算,其他结构可采用振型分解反应谱法计算;

b. 对于不规则的建筑,应采用时程分析法进行多遇地震下的补充计算。

④对于抗震烈度为8度和9度地区的建筑结构,可采用隔震和消能减震设计,应满足现行国家标准《建筑抗震设计规范》(GB 50011)的要求。

⑤建筑的重力荷载代表值应取结构和构配件自重标准值和各可变荷载组合值之和,根据现行国家标准《建筑抗震设计规范》(GB 50011)进行荷载组合计算。

⑥根据现行国家标准《建筑抗震设计规范》(GB 50011)进行地震作用计算,阻尼比宜取0.03。水平地震影响系数最大值应按表6.2采用,特征周期值应按表6.3采用。

表6.2 水平地震影响系数最大值

地震影响	6度	7度	8度	9度
多遇地震	0.04	0.08(0.12)	0.16(0.24)	0.32
罕遇地震	0.28	0.50(0.72)	0.90(1.20)	1.40

注:括号中的数值分别用于设计基本地震加速度为0.15g和0.30g的地区。

表6.3 特征周期值 单位:s

设计地震分组	场地类别				
	I_0	I_1	II	III	IV
第一组	0.20	0.25	0.35	0.45	0.65
第二组	0.25	0.30	0.40	0.55	0.75
第三组	0.30	0.35	0.45	0.65	0.90

⑦原竹-磷石膏组合墙体结构设计可在建筑结构的两个主方向分别计算水平荷载的作用。每个主方向的水平荷载应由该方向抗剪墙承担,各剪力墙承担的水平剪力可根据刚性或柔性楼盖假定,分别按照刚度分配法或面积分配法进行分配。如不确定楼盖为刚性还是柔性,应采用两种分配方法分别计算并取最不利情况进行设计。当按刚度分配法计算时,各墙的水平剪力按下式计算:

$$V_j = \frac{K_j L_j}{\sum_{i=1}^{n} K_i L_i} V \qquad (6.4)$$

式中 V_j——第 j 面抗剪墙承担的水平剪力;

       V——由水平风荷载或地震作用产生的 X 方向或 Y 方向的总水平剪力值;

       K_i、K_j——第 i、j 面抗剪墙单位长度的抗剪刚度;

       L_i、L_j——第 i、j 面抗剪墙长度。

当墙上开孔时,应通过试验确定刚度折减。

⑧在水平荷载作用下墙体的层间位移角可按下式计算:

$$\frac{\Delta}{H} = \frac{V_k}{\sum_{j=1}^{n} K_j L_j} \qquad (6.5)$$

式中 Δ——水平荷载作用产生的楼层内最大弹性层间位移;

       H——楼层高度;

       V_k——风荷载或地震作用下楼层的总剪力标准值;

       n——平行于地震作用方向的墙体数目。

8) 构造措施

①原竹应采取防裂、防潮、防腐、防虫蛀等措施,保证结构在通风的环境中。

②上下楼层的墙体应对齐,避免偏心,并且应双向布置。

③门窗洞口应上下对齐,成列布置,门窗洞口宜布置在非承重墙体中,不应布置在承重墙体中,不应采取错洞墙,不宜有较大开洞。

④填充墙、隔墙等非结构构件宜采用轻质材料,构造上应与主体结构可靠连接,并应满足承载力、稳定性和变形要求。

⑤非承重部品应满足可更换的要求。

⑥厨房和卫生间的布置应上下对位或集中布置。

⑦剪力墙底部加强部位的范围可取底部一层。

⑧底层墙体与基础应有可靠的锚固。

⑨结构中各构件的安全等级应与结构保持一致。对于重要构件,可适当提高其安全等级。

⑩对于受风荷载影响显著的地区,应采取提高建筑物抗风能力的有效措施。

⑪抗震设防烈度低于9度时,建筑物的高宽比不宜大于1.2;抗震设防烈度为9度

时,建筑物的高宽比不大于1.0。

⑫宜采取减小偶然作用影响的措施。

9) 设计允许值

①原竹梁的允许挠度为跨度的1/200。

②建筑结构在风荷载和多遇地震作用下的层间位移角不宜大于1/300。

③对于制作时允许出现的预先起拱的受弯构件,在验算挠度时,可将计算所得的挠度值减去起拱值。

④对于预应力受弯构件,在验算挠度时,可将计算的挠度值减去预应力产生的反拱值。

⑤受弯构件制作时的预先起拱值与预应力产生的反拱值之和不宜大于构件在相应荷载组合作用下的计算挠度值。

10) 防连续性倒塌设计

①设计原则:

a.采取减小偶然作用影响的措施。对于重要构件,应采取避免直接遭受偶然作用的措施。

b.在结构容易遭受偶然荷载作用的部位,应增加冗余约束,使结构具备多条传力路径。

c.对于疏散通道、避难空间和关键传力构件,应增强其承载力和变形能力。

②设计方法:主要采用的方法包括局部加强法、拉结构件法和拆除构件法。

③在承受偶然作用的部位,防连续性倒塌验算时宜考虑冲击引起的动力系数。

④进行结构构件防连续性倒塌计算时,材料强度取强度标准值。

11) 既有结构设计

①对既有结构进行改建、扩建、加固、修复或改变既有结构的用途和使用年限时,应对结构进行评定、验算或重新设计。

②对既有结构进行评定时,应符合现行国家标准《工程结构可靠性设计统一标准》(GB 50153)的规定。

③既有结构设计应符合下列规定:

a.应对结构方案进行优化,保证结构的整体稳定性;

b.荷载可根据现行规范进行确定,也可根据使用功能做调整;

c.结构设计时应根据材料的实测强度,同时考虑已有缺陷的影响。

12）结构分析

（1）基本原则

①原竹结构应进行整体性能分析，必要时尚应对结构中的特殊受力部位进行更详细的分析；

②在结构施工和使用的不同阶段，应根据具体受力情况的不同分别进行分析，并确定其最不利的荷载组合；

③结构分析应满足力学平衡条件和变形协调条件；

④采用合理的材料本构模型；

⑤结构分析软件的技术条件应满足相关现行国家标准的要求，在确认其分析结果合理、有效后再应用于工程设计。

（2）分析模型

①结构分析时采用的计算简图、几何尺寸、材料和计算参数、边界条件和构造措施等应符合实际情况；

②结构承受的作用和组合、初始应力和变形等应符合实际情况；

③结构分析时所采用的假定和简化方法，应有相关理论、试验或工程经验为依据；

④结构分析应满足足够的精度要求；

⑤除能够证明竹节点和支撑处为弹性或固定节点外，所有竹节点和支撑处都应设为铰接节点；

⑥平截面假定对竹子也适用。

（3）分析方法

根据结构、材料和受力的不同，结构分析时选用弹性分析方法、塑性内力重分布分析方法、弹塑性分析方法、塑性极限分析方法或试验分析方法等。

6.1.2 原竹空间结构体系

1）新型结构的拓扑关系

先以竹管首尾相接组装成竹管三角形，再将相邻三角形的一条边平行连接，即可形成一个"基本型"的单层原竹双管束空间网壳结构。

在此基础上在每个竹管三角形的平面外再平行连接对应的竹管三角形单元，即可形成一个结构刚度更大的叠层原竹四管束空间网壳结构。以此类推，可通过平面外平行增加竹管三角形叠层数量的方法来提高整体结构的刚度和承载力。图6.1为单元与结构示意图。

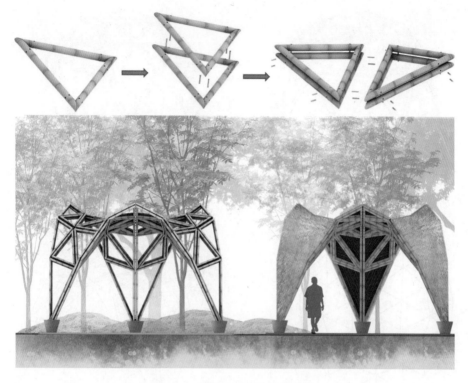

图 6.1   竹管束网壳结构示意图

2）结构体系的特点

①新型竹管结构体系在每束杆件合力线的交汇处不存在节点,结构新型的拓扑关系从根本上避免了传统空间曲面网壳结构节点多向连接复杂的三维制作问题。无论网壳结构形状多么复杂,构件制作仅为不同夹角的竹管三角形加工而已,每个角部连接仅有两根竹管,极大地简化了工程的节点制作难度与成本。

②新型结构的多管束至少包含两根竹管,拆除任何一个竹管三角形,在该位置的 3 条边相邻平行位置至少还各存在一根竹管。这 3 根竹管分别来自与拆除竹管三角形相连的竹管三角形,虽会引起结构局部承载力的削弱,但不会改变结构的几何不变性质。由于处于局部构件"削弱"而非"缺失"状态下的结构足以承受其自重和少量施工人员的重量,可选择在非灾害性的天气,对劣化的竹管三角形进行"逐个拆,立即换"的分批原位替换(图 6.2),从而使原竹结构的寿命摆脱对竹材耐久性的依赖。

③多管束杆件及网格结构形式可使结构承载力摆脱对竹子种类和尺寸的限制,为原竹管结构实现"大型化"奠定了基础。

3）工程案例

为北京"2019 世界园艺博览会"设计的竹亭造型为双曲抛物面,高 3.4 m、宽 5 m。材料及连接方式:以外径 80 ~ 90 mm 的毛竹管作为结构杆件;管内局部灌注水泥砂浆连接

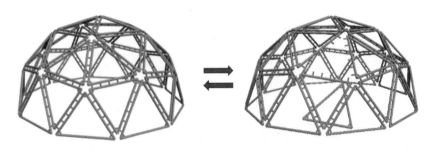

图 6.2　新型竹管结构体系原位替换

竹管三角形的角部;采用直径 18 mm 螺杆平行连接相邻竹管三角形(图 6.3)。屋盖系统的构成分为 5 层:竹管结构层、竹条网格檩条层、竹席内装饰层、卷材防水层、茅草外装饰层。

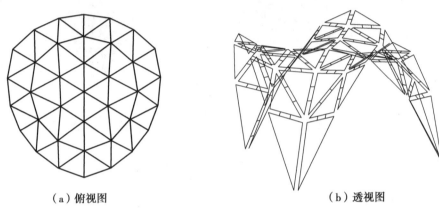

（a）俯视图　　　　　　　　　　　　　　　（b）透视图

图 6.3　竹亭设计示意图

开敞式与闭合式网壳结构不同,如果按照标高从下往上的常规安装顺序,则初始拼合起来的结构单元均不能形成一个自平衡的结构,必须依靠临时脚手架进行临时支撑。传统方法会造成开敞式网壳结构需要用满堂脚手架支撑且安装定位的控制点非常多,耗工耗时。

综合施工精度、工期、成本等因素,本工程结构采用了"外扩装配"施工方法(图6.4)。施工流程如下:

①将网壳结构的顶部中心作为第一圈先在地面进行安装,形成一个自平衡的一期结构体,然后,以此为中心向四周扩散安装其他在该位置所能安装的所有竹管三角形,形成二期结构体;

②用三脚支架与手拉葫芦组合形成的提升设备吊装二期结构体,然后安装所有该位置所能安装的所有三角形,形成三期结构;

③提升三期结构体,然后安装所有该位置所能安装的所有三角形,形成整体结构;

④完成结构脚部与基础的连接;

⑤安装内装饰、防水层、外装饰、管线等。

采用"外扩装配法",无需搭设脚手架,本工程仅一天就高精度地完成了结构的安装,第二天便完成了所有内外装饰、防水及管线系统。

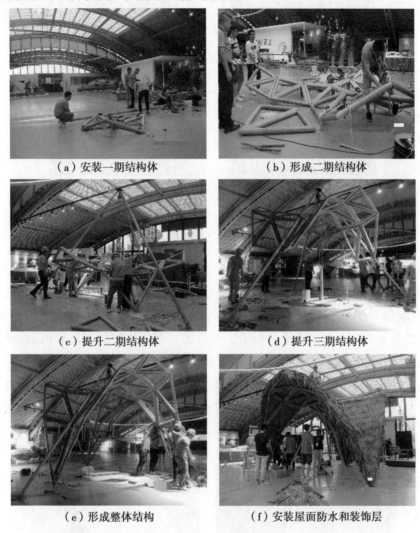

（a）安装一期结构体　　　　　　（b）形成二期结构体

（c）提升二期结构体　　　　　　（d）提升三期结构体

（e）形成整体结构　　　　　　（f）安装屋面防水和装饰层

图6.4　竹亭施工流程图

6.2　原竹混合结构设计

6.2.1　木骨架双向正交斜放竹条覆面墙板承重结构体系

1)结构体系的构成

结构体系采用墙承重方案,竖向承重构件采用木骨架双向正交斜放竹条覆面墙板,水平承重构件为正交斜放竹条覆面桁架搁栅以及挡梁,按照轻型木结构的组装方法组合成结构(图6.5、图6.6)。

图6.5　墙板组合　　　　　图6.6　结构外观

（1）正交斜放竹条覆面桁架搁栅

基于木骨架双向正交斜放竹条覆面墙板的构造做法，开发了配合墙板使用的正交斜放竹条覆面桁架搁栅技术。具体做法如下：采用小截面锯材制作楼面搁栅骨架，按照正交斜放的方法把短竹条按45°倾角用气钉固定在骨架两侧，形成上下弦杆为连续杆件的密排竹条腹杆桁架。楼面搁栅上下骨架承受弯矩产生的正应力，斜向钉接的竹条腹杆通过受压或受拉承受搁栅横截面上的剪力。木骨架与两侧钉接的双层双向斜向竹条构成箱形截面（图6.7、图6.8），提高楼面搁栅抗扭及抵御侧向失稳的能力。

（a）搁栅分解示意图　　　　（b）搁栅端部构造图

图6.7　格栅构造示意图

（2）挡梁

挡梁用于封闭楼面搁栅端部之间形成的孔洞，并为楼面搁栅提供局部侧向支撑，其构成方式与竹木复合搁栅类似，但在与搁栅端部接触处设置凹槽。搁栅端部深入凹槽并固定，其做法如图6.9、图6.10所示。

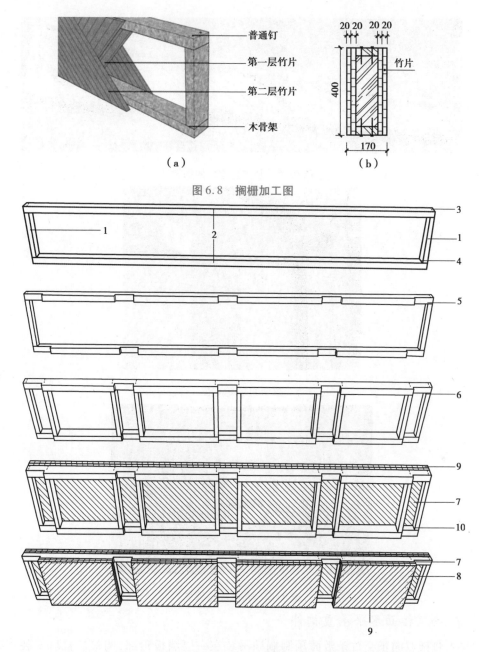

图6.8 搁栅加工图

图6.9 挡梁构造

1—竖向木骨架;2—横向木骨架;3—自钻螺丝;4—木骨架Ⅰ;5—木骨架Ⅱ
6—木骨架Ⅲ;7—竹条Ⅰ;8—T50 气排钉;9—竹条Ⅱ;10—木骨架Ⅳ

2)结构组装

(1)底层墙板安装固定

将预制墙板按照图纸安装在地梁上,位置确定后固定锚栓(图6.11、图6.12)。

图 6.10　加工过程中的挡梁

图 6.11　定孔位

图 6.12　首层墙板安装

（2）安装楼面水平承重构件

将木骨架双向正交竹条敷面预制搁栅吊装在一层墙板顶部，调整位置后安装挡梁，在挡梁侧面用铁钉将预制搁栅与挡梁固定（图 6.13 至图 6.15）。

（3）安装二层墙板

在已经安装就位的搁栅顶面，施工楼面结构。楼面结构可采用多种材料，如干法施工的木质木基结构板、水泥压力板。有特殊要求时，也可以采用湿法施工的现浇楼面结构。

二层装配同一层类似，但由于上下层墙板被楼面搁栅隔断，上下不连续，所以在两层衔接的地方需要加强其连续性。根据地震烈度、风荷载的差异性，上下层连接可采用多种抗拔连接件,如钢条、螺栓等,图6.16为螺栓连接构造图。

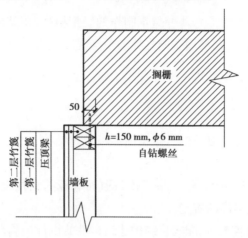

图 6.13 与墙板连接构造

图 6.14 搁栅安装

图 6.15 搁栅固定

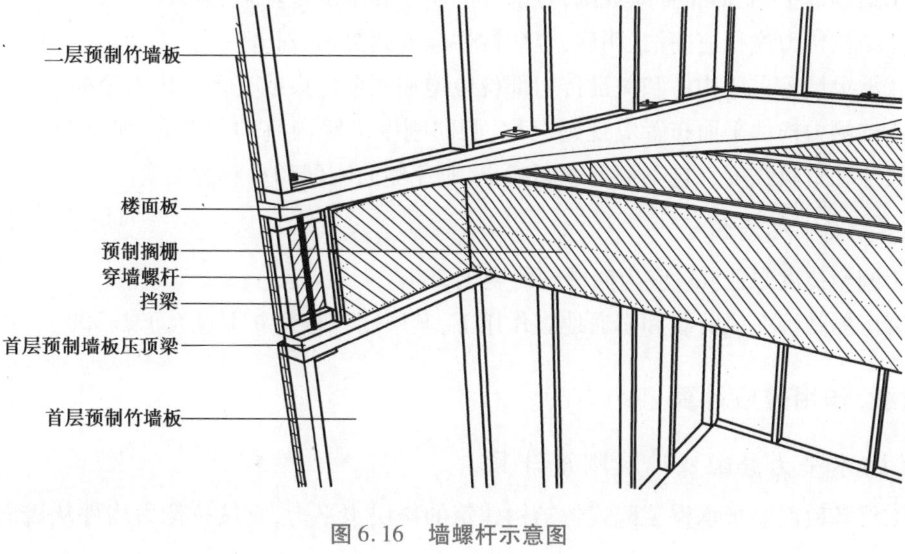

图 6.16 墙螺杆示意图

（4）屋面结构

坡屋面可采用规格材或冷弯薄壁型钢制作的轻型桁架,桁架间距综合考虑屋面材料构造确定。采用平屋面时,宜采用搁栅支撑的现浇混凝土板屋面。

3）结构设计基本规定

（1）一般规定

①本指南适用于3层及以下的竹条覆面墙板承重结构,竹条覆面墙板承重结构的安全等级不高于二级,也不得低于三级。防护良好的木骨架双向正交斜放竹条覆面墙板承重结构采用的设计基准期是50年。基于竹条覆面墙板的结构设计除应符合本指南外,尚应符合国家现行有关标准的规定。

②对于承载力极限状态,装配式竹结构建筑构件的设计应满足式（6.1）和式（6.2）的要求。

③抗震设防烈度低于9度时,建筑物的高宽比不宜大于1.2;抗震设防烈度为9度时,建筑物的高宽比不大于1.0。

④对于正常使用极限状态,装配式竹结构建筑构件根据不同的设计应满足式（6.3）的要求。

（2）构造设计法和工程设计法

所谓构造设计法,就是结构抗侧力设计时,按规定的要求布置结构构件,并结合相应的构造措施以取得结构、构件安全和适用的设计方法。

工程设计法指的是结构抗侧力设计时,通过工程计算与验算,并采取相应的构造措施以取得结构、构件安全和适用的设计方法。

（3）结构体系和平面布置

①结构的平、立面布置应规则,各部分的质量和刚度应均匀、连续。

②结构传力途径应简洁、明确,竖向构件应连续贯通、对齐。

③承重墙等重要构件和关键传力部位应增加冗余约束或有多条传力途径。

④抗侧力构件平面布置应规则对称、侧向刚度沿竖向宜均匀变化,竖向抗侧力构件截面尺寸和材料强度宜自下而上逐渐减小,避免侧向刚度和承载力突变。

（4）设计允许值

①搁栅挠度限值[ω]应为搁栅的跨度1/200。

②房屋结构在风荷载和多遇地震作用下,其层间位移角 θ 不宜大于1/300。

4）荷载、作用效应计算

（1）水平力分配及墙板刚度计算

①竹条覆面墙板承重装配式竹结构建筑的楼层水平力,宜按抗侧力构件从属面积上

重力荷载代表值的比例分配。

②竹条覆面墙板抗震墙结构的侧向刚度宜通过试验确定,也可参照表6.4的规定取值。

表6.4　竹条覆面墙板抗震墙的侧向刚度

类　　型	侧向刚度
单侧布置双向竹条覆面墙板	平均每米的侧向刚度为800 kN/m
双侧布置双向竹条覆面墙板	平均每米的侧向刚度为1 200 kN/m

（2）荷载与地震作用

①装配式竹结构建筑自重可按材料的容重和构件尺寸计算。楼面活荷载标准值不宜大于2.0 kN/m²,屋面活荷载标准值不宜大于0.5 kN/m²,楼面、屋面恒载(装饰、防水材料重量)标准值不宜大于1.0 kN/m²。

②装配式竹结构建筑应按照现行国家标准《建筑抗震设计规范》(GB 50011)的规定进行地震作用计算,承载力抗震调整系数取1.0,阻尼比不宜小于0.02。

③装配式竹结构建筑计算地震作用时,可采用振型分解反应谱法,也可采用底部剪力法。

（3）构件设计

①在承载能力极限状态和正常使用极限状态计算时,风荷载和地震作用应由双向竹条覆面墙板承担。

②在承载能力极限状态和正常使用极限状态计算时,假定竖向荷载全部由双向竹条覆面墙板承担。

③屋架可按桁架进行设计,构件应进行轴心抗压强度、轴心抗拉强度、抗压稳定性和节点连接强度验算。

④墙体未开洞时,应按整片墙板设计。当开洞时,墙体应在洞口两侧分别进行计算。

⑤楼层水平位移,可按下式计算:

$$\Delta u = \frac{V}{K} \tag{6.6}$$

式中　Δu——楼层层间位移;

　　　V——楼层总剪力;

　　　K——楼层总侧向刚度。

⑥应验算在风荷载或地震作用下引起的墙端拉力,并根据验算结果进行墙端与基础连接的抗拉承载力设计。

5）连接与构造要求

（1）连接

①竹条覆面抗震墙边界构件与基础应有可靠锚固连接，应进行螺栓的抗拔和抗剪验算。

②混凝土条形基础顶部应设置经防腐处理的地梁板。地梁板与混凝土条形基础可采用预埋螺栓连接或化学黏结后锚固螺栓连接。地梁板规格与竹条覆面抗震墙的木墙骨柱规格相同。

③竹条与木骨架接触面上至少用 4 枚 T50 气钉固定，竹条与压顶梁接触面上至少用 4 枚 T50 气钉固定。

④竹条抗震墙的木骨架间距以及木骨架之间连接应满足轻型木结构关于墙骨柱的相关要求。

（2）构造要求

①竹条覆面抗震墙结构的连接设计应具有可靠的强度，应确保连接节点的破坏不先于构件破坏。

②竹条覆面抗震墙需开洞时，洞口宽度不宜大于 1.2 m，不应大于 1.8 m，且洞口两侧应设置两根墙骨柱，洞口上方应配置补强木梁。

③一定条件下，X 形竹条抗震墙可采用未经刨平的弧形竹条，简化加工程序。采用弧形竹条的预制墙板具有更高的承载力和平面内外刚度。

④竹条覆面墙板装配式竹结构可采用两种施工方法：一种是现场钉竹条法，先竖立墙骨柱骨架，墙骨柱骨架定位后，在墙骨柱的侧面钉装竹条；另一种是工厂预制墙板，然后运输到施工现场组装。

⑤竹条抗震墙在结构中的设置应符合下列规定（图 6.17）：

a. 单个墙段的高宽比不宜大于 3.5∶1；

b. 同一轴线上墙段的水平中心距不应大于 7.6 m；

c. 相邻墙之间横向间距与纵向间距的比值不应大于 2.5∶1；

d. 墙端与离墙端最近的垂直方向的墙段边的垂直距离不应大于 2.4 m；

e. 一道墙中各墙段轴线错开距离不应大于 1.2 m。

⑥竹条覆面搁栅平面定位宜与一层墙板竖向木骨架柱的平面定位重合。当墙体开有门窗洞口时，楼面梁可支承在洞口的补强梁上。

⑦楼面搁栅上部应铺设竹胶合板并用自攻螺钉和梁连接，胶合板厚度不宜小于 20 mm。

⑧楼面梁在支座上的搁置长度不得小于 40 mm。楼面梁应与支座可靠连接，或在靠近支座部位的搁栅底部采用连续木底撑、搁栅横撑或剪刀撑（图 6.18）。

⑨采用坡屋面时，屋面坡度不宜小于 1∶12，也不宜大于 1∶1，纵墙上檐口悬挑长度

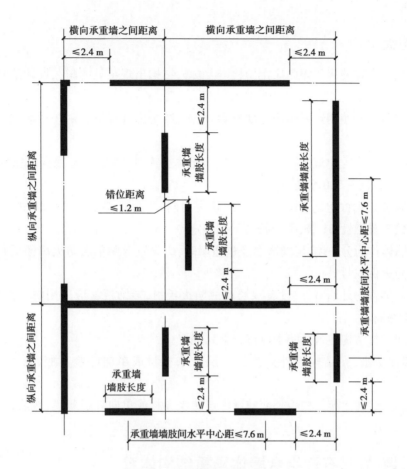

图 6.17 抗震墙平面布置要求

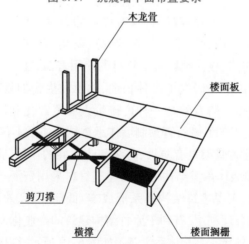

图 6.18 剪刀撑示意图

不宜大于1.2 m;山墙上檐口悬挑长度不宜大于0.6 m。

6) 防护要求

①连接节点在使用年限内应定期检测、维修,结构出现可见的耐久性缺陷时,应及时进行处理。

②连接节点在使用年限内应定期检测、维修,结构出现可见的耐久性缺陷时,应及时进行处理。

③预制装配式竹建筑的防火设计除应满足本指南外,尚应符合现行国家标准《建筑设计防火规范》(GB 50016)的有关规定。

④预制装配式竹建筑墙体的墙面板、填充材料、密封材料及其他建筑材料的防火性能均不应低于难燃性 B1 级,并应符合下列规定:

a. 当墙体作为分户墙、房间隔墙及过道墙时,应设置双侧单层防火墙面板,防火墙面板内填充防火保温材料;

b. 当墙体作为外墙时,应设置双层双侧防火板材,装饰板材应采用防火性能不低于难燃性 B1 级材料。

c. 装配式竹结构建筑的防水应符合下列规定:

•外墙面防水:在结构板外面铺设一层防水卷材或单向呼吸薄膜,再加外保温及面层;

•屋面防水:在屋架结构板外面铺设一层防水卷材或单向呼吸薄膜,然后盖瓦且宜用轻质瓦。

6.2.2 原竹-磷石膏组合墙体承重结构体系

原竹是资源丰富的可再生建筑材料,具有优良的力学性能、较好的弹性和韧性以及较高的强重比,但原竹组织内含有多种淀粉、脂肪、糖类和蛋白质等丰富的有机物质,使其具有易霉变、虫蛀等缺陷,极大地影响了竹材的使用寿命,在一定程度上阻碍了原竹结构的推广和应用。尽管国内外研发了多种物理、化学和生物的处理方法,但均无法克服原竹材料耐久性差的缺点。磷石膏是一种产排量大而资源化利用低的固体废渣。由磷石膏包裹原竹骨架组成的原竹-磷石膏预制墙体承重结构体系不仅具备隔声、节能和装饰的功能,而且磷石膏对原竹骨架具有防火、防腐和防虫蛀的作用,将极大地提高结构的耐久性。原竹-磷石膏预制墙体承重结构体系的建筑材料采用资源丰富的原竹和亟待资源化利用的磷石膏,能有效实现建筑结构体系低成本、低能耗、高效能的发展需求,促进原竹和磷石膏资源的充分合理利用,有利于原竹结构建筑的产业化发展。

原竹-磷石膏组合墙体承重结构体系示意图如图 6.19 所示,结构设计应符合下列要求:

①原竹-磷石膏组合墙体承重结构体系的设计应满足本章 6.1.2 节的要求。

②结构应采取防水措施,并避免应用于长期浸水及化学侵蚀的环境中。

③对于需要开洞的结构,应预留孔洞,不得在已浇筑完成的结构中开洞、剔凿。

④进行结构分析时,宜考虑原竹和磷石膏之间的黏结-滑移本构关系。

⑤原竹-磷石膏组合结构的墙板和楼板之间可通过螺杆和钢板进行连接。

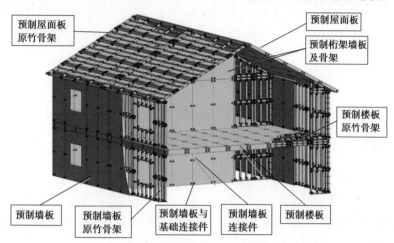

图6.19 原竹-磷石膏预制墙体承重结构体系

6.2.3 原竹骨架-环保物料组合结构体系

为改善传统竹结构防腐防火性能差,改进竹结构工艺复杂、化学黏合剂有污染等不足,西安建筑科技大学现代竹木结构研究所将一种轻质环保物料(主要由灰浆组合料、聚苯乙烯颗粒和矿物黏合剂等组成)喷涂在原竹骨架上,经过一段时间养护后形成具有一定强度,并兼有良好保温、隔热以及耐火性能的喷涂环保物料-原竹组合结构体系(图6.20)。该体系可代替传统砖混结构,为低多层村镇宜居建筑提供了新的绿色结构体系,也为居住模式及绿色建材开发等提供了新的思路和方法,推广了原竹结构在工程中的直接应用,符合国家经济、社会可持续发展需要。

（a）建筑模型　　（b）喷涂过程　　（c）实际墙体

图6.20 喷涂环保物料-原竹组合结构体系

①该结构应限于3层,不允许在其上加盖砌体结构或混凝土结构。

②该结构宜在正常居住及办公的建筑中使用,外围护及接触环境的部位应进行防水处理。

③未经防潮、防腐处理的竹材不应用于经常受潮且不易通风的部位。

④该结构在其使用寿命期内应和设计时的用途一致。

7

防 护

在设计使用年限内,应建立定期检测、维修制度;构件表面的防护层,应按规定维护或更换;结构出现可见的耐久性缺陷时,应及时进行处理。

从国内外已有资料,竹材的防腐和防火性能并不比木材差,竹材的持久强度性能也和木材类似。竹材的干裂现象严重地影响着竹结构的正常使用,但是裂缝的出现对各种杆件工作的影响并不相同,对弯曲杆件影响较大,而对拉杆的影响相对较小。裂缝对连接节点的强度影响也较大,如果开孔之间出现裂缝,也等于连接结合已开始破坏。为了减少干裂现象,应注意不使竹材受到暴晒和摔碰,可采用加设钢箍阻止裂缝的扩展。

7.1 竹材防腐

竹材是一种有机物质,除含有大量的水分以外,还含有化学成分,如氮的化合物、淀粉、葡萄糖之类。这些物质最容易引起腐朽。从日本学者岛田一氏分析毛竹的化学成分表中可知,蛋白质占 25.12%、葡萄糖占 8.15%、淀粉占 3.33%、脂肪占 2.49%。这些有机物质就约占 40%,所以竹材在温度较高和湿度较大的地方,很快就会发霉、变色和腐朽,所以建筑工地上很容易碰到这些情况。如果不适当地注意保存,整个竹肉也会变黑腐烂,这时,它的强度就会大大降低。所以目前在建筑方面利用竹材防腐处理是最迫切的问题。国内外学者们采用过各种不同的药剂和方法对竹材进行了防腐处理的研究,采用的药剂有煤焦油、沥青、克鲁素油、重油、鱼油、树脂、白铅、生漆、明矾、醋酸铝、硫酸铜、氟化钠和氯化锌等。采用的处理方法有涂刷法、热冷槽法、基部穿孔注药法、注液吸干法、静水压入法、气压注入法等。

7.2 防虫

竹材除有腐朽的缺陷外,还有虫蛀的现象。竹蛀虫往往从竹材内部发生,逐渐破坏竹材组织。与木材的虫蛀现象相似,常于竹材表面发现小孔,漏出白色粉末,久而久之竹材内皮层全部被虫蚀。这样,竹材随着虫蛀的发展而降低其强度,直至发生严重的破坏为止。

　　竹材经过防腐处理以后,已经具有一定的防虫能力。印度用的防腐处理竹材法已经能达到防止白蚁及一般菌类蛀虫的效果。其次对竹材的采伐季节加以限制,也能达到防止虫蛀的效果。从国内外所进行的调查资料中得知,在冬季采伐的竹材具有防虫的性能。不过要注意,冬季采伐的竹材不能与其他季节采伐的竹材混放在一起,否则,即会受到感染而同样引起虫蛀现象。

　　圆竹应选择秋季或冬季砍伐,竹龄宜在4年以上。所有竹材均应经过专用设备的物理脱糖处理、杀菌和干燥处理。竹结构建筑的竹材宜进行脱糖处理。竹骨架在进行脱糖、杀菌和干燥处理后,可在表面喷涂一层无机涂料,如水性漆等,以延缓竹结构材料的老化。竹材应按现行国家标准《木结构工程施工质量验收规范》(GB 50206)的规定进行防虫、防腐处理。竹结构建筑的竹材应按设计要求进行防虫、防腐处理。常用的药剂配方及处理方法,可按现行国家标准《木结构工程施工质量验收规范》(GB 50206)的规定采用。

7.3　防火

　　竹结构建筑墙体的墙面材料宜采用纸面石膏板,如采用其他材料,其燃烧性能应符合现行国家标准《建筑材料燃烧性能分级方法》(GB 8624)关于A级材料的要求。四级耐火等级建筑物的墙面材料的燃烧性能可为B1级。竹结构建筑墙体填充材料的燃烧性能应为A级。竹结构建筑墙体所采用的各种防火材料应为国家认可检机构检验合格的产品。竹结构建筑采用的建筑材料燃烧性能的技术指标应符合《建筑材料难燃性试验方法》(GB 8625)的规定。

　　关于竹材的防火处理,国内也还没专门的方法。在印度,防火与防腐、防虫一并采用防腐处理方法,以达到防火的效果。他们采用一种特种的防火防腐合成剂,其配合成分如下:

$$H_2BO_3 : CuSO_4 : H_2O : ZnCl_2 : Na_2Cr_2O_7 = 3 : 1 : 5 : 6$$

　　采用的浓度为25%,吸收量为33~50 kg/cm³,用前述的贝奇列克法处理6~8 h即可,预期生效时间为:用于室内15~20年,用于室外10~15年。

7.4　防裂

　　竹材开裂是最严重的一个缺陷,它不仅破坏了竹材本身的整体性,而且也影响结构物的安全。例如,在竹结构的结合部分发生(特别是销结合)开裂,就会立即使结构物遭到破坏的危险,因此,防止竹材开裂也是目前最迫切需要解决的一个技术问题。

　　竹材开裂的主要原因,是由竹壁厚度收缩不一致而产生的内应力所引起。我国民间对竹材所采用的防裂措施是刮去竹青表皮,但仍有开裂现象。目前用在建筑工程上的竹结构,多用铁箍或铅丝来防止构件开裂。这种方法虽具有一定的效果,但也有些缺点,而且浪费钢材。所以,根本的办法是对竹材本身加以化学方法处理,使其不发生开裂现象。苏联多利兹教授曾用蒸汽处理方法达到了良好的效果,这方法是将竹材置于铁丝网盘上,然后放入密封箱内通以蒸汽,蒸汽压力为 2 个大气压,处理时间为 2 h。但根据国内某些单位仿制这个方法进行试验的结果,尚不能令人满意。如何防止竹材开裂,尚待进行深入的研究。

8

施工与监测

8.1 原竹结构施工

8.1.1 原竹部件一体化预制

1)原竹的选用及其进厂存放

①原竹的选材尤为重要,关系到原竹能否满足结构承重构件的要求。所以,应采用平直、无开裂、无腐朽以及无霉菌的原竹。

②原竹进厂应置于干燥环境堆放,避免雨水淋湿,应按不同直径堆放原竹,材料堆码整齐,如图8.1所示。

③直柱、主梁、檩条与曲柱应采用毛竹,其选料应符合表8.1的规定。

表8.1 原竹选料表

使用部位	竹龄	竹壁厚度(mm)	原竹直径(mm)	原竹长度(m)
原竹结构部件	不小于4年	≥10	≤100	4~4.5

2)原竹脱脂、脱糖、矫直、通节处理

(1)原竹脱脂、脱糖处理

将挑选好的原竹完全浸入在12 000 mm×1 200 mm×900 mm的不锈钢金属水槽、温度为90 ℃、并加有含量为5%~8%的碱性水中(图8.2、图8.3),加热蒸煮30~40 min,去除糖分、脂肪、蛋白质以及部分可溶性物质,杀虫灭菌。蒸煮后清洗捞出沥干水分,经过36~48 h自然日晒,蒸发多余水分,使其外观脱绿变成浅黄色。高温暴晒也可以起到杀虫灭菌作用。但注意每天晒后搬回室内,防止日晒和雨淋,防止原竹因晒后引起开裂。

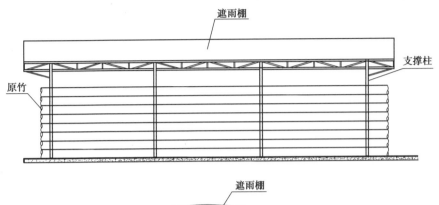

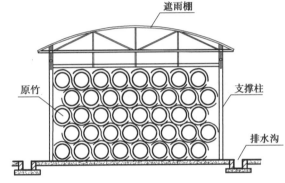

图 8.1   原竹堆放示意图

图 8.2   浸入碱性水   图 8.3   碱性水槽

（2）原竹矫直、通节处理

通过液化天然漆喷火枪对原竹弯曲部分进行加热,待原竹受热均匀,人工进行矫直定型后冷却成型,才能使原竹平直,如图 8.4 所示。对矫直后的原竹进行通节处理,如图8.5所示,实现竹节贯穿通透。同时再采用铁刷在竹段内部旋转,将破坏的竹节进行整平,并对原竹内部进行砂毛,方便对内部进行防护处理。

图 8.4   原竹现场矫直   图 8.5   原竹通节处理

3) 化学剂防护处理

将配比好的药剂倒入不锈钢金属加工池里,并搅拌均匀,在将挑选好的原竹完全浸泡在药剂溶液里,浸泡时间为 15～30 min,使其药剂在原竹内部流通并充分吸收,达到防护剂与原竹细胞腔水分置换,起到对原竹内部的防护作用。浸泡完成后将原竹取出擦拭多余溶液,防止流挂。最后人工对其表面再进行满布涂刷,保证原竹表面都能均匀布满溶液,对表面起到防护作用。处理好的原竹堆放好让其自然干燥,降低原竹的含水率。经过防护剂处理后的原竹堆放于室内,避免露天堆放。

4) 原竹接长

（1）直柱、主梁、檩条的接长处理

根据设计图纸确定每条直柱(主梁、檩条)长度,取原竹长 4～4.5 m。在竹节部位切断,选取跟切断部位直径相同的竹子并在竹节部位切断,在相邻两根需要连接部位内嵌和竹内径相近的细竹子,内嵌长度不小于两个竹节,内嵌连接竹子表面涂结构胶后并塞入相邻两根竹子内部,并用气钉枪固定,如图8.6 所示。

（2）曲柱接长

①弧度弯曲放样:根据设计图纸确定曲柱弦长,再等分弦长(一般弦长对应弧长 4～4.5 m)。以等分点为垂足与弧长相交于交点,标注其长度。

②按标注长度制作与曲柱同弧度的曲柱模板。

③分段热弯接长:选取矫直后原竹长 4～4.5 m,按曲柱模板进行热弯通节处理后,分段接长。接长时,应注意弯曲弧度要求与曲柱模板误差不应过大,接长方法与直柱相同,如图8.7 所示。

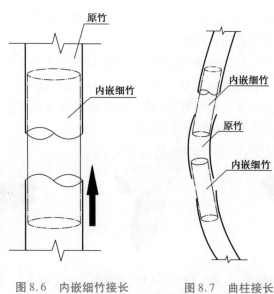

图8.6 内嵌细竹接长　　图8.7 曲柱接长

④曲柱接长完成后与模板尺寸允许偏差应符合表8.2的规定。

表 8.2　曲柱尺寸允许偏差

测定部位	允许偏差（mm）	检验方法
弧长	20	皮尺测量弧长对比
弦长	20	钢尺测量弧起点和终点长
垂线长	10	钢尺测量等分点与弧垂直长度同标注长度做对比

5）拼装及临时固定

①原竹的单拼选用已经接好的原竹选取直径相同的两根进行并排排列，并扎带临时固定。多拼则需双层和三层机构需下粗上细连接，接头部位需错开并用扎带临时固定（图8.8）。

②应保证起点与终点断面原竹在同一截面上，不出现长短不一、排列不整齐等现象。

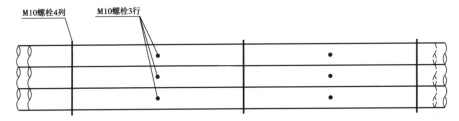

图 8.8　原竹多拼

8.1.2　预制部件试拼

预制部件试拼主要分为：直柱与主梁试拼、主梁与檩条试拼、曲柱与主梁试拼。试拼在每个横轴截面部件吊装前均要进行。

①部件的连接主要是根据连接件的位置、标高、拼接层数在空中进行预装对接，故采用 BIM 建模的形式按照设计图纸对原竹部件 BIM 试拼进行建模，以获取拼接角度、连接件尺寸、嵌入深度、开孔位置等建模数据，使其能正确指导部件的连接精度，便于部件的正式拼接。建模效果如图8.9至图8.11所示。

图 8.9　直柱与主梁模型　　图 8.10　曲柱与主梁模型　　图 8.11　檩条与主梁模型

②选择预制部件样本,按建模要求对端口进行裁切,接口连接采用钢板式预装连接节点,效果如图8.12所示,连接件实体如图8.13所示。直柱与主梁、曲柱与主梁采用斜接口,主梁与檩条采用平接口。端口的裁切需整齐,不出现错位、长短不一等情况。钢板材料选用Q235B,钢板间连接均双面角焊缝,四周满焊。

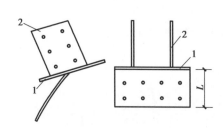

图8.12　连接件大样图　　　　　　图8.13　钢板式连接件

1—4 mm厚钢端板;2—2 mm厚钢嵌板;L—嵌入曲柱深度

③试拼完成后应按照图纸要求对节点的错位、夹角、缝隙进行检查,允许偏差应符合表8.3的规定。

④当试拼完成无误后,才能进行正式吊装。

表8.3　安装位置允许偏差表

序号	检查项目	允许偏差
1	错位	接口错位偏差不超过10 mm
2	夹角	夹角偏差范围±2°
3	缝隙	接口与端口缝隙不超过10 mm

8.1.3　原竹结构安装

1)直柱的吊装及调直

直柱的吊装顺序按同横轴截面当天进行,由中间向两端对称吊装。将直柱放置平整场地上,准备吊装第一根直柱,完成吊装后,对直柱进行横纵调直并进行临时固定。若柱高超过10 m,则需要采用缆风绳固定,然后进行柱脚连接固定,1号直柱完成后进行其对称的2号直柱吊装,依次循环。直柱吊装方法采用垂直吊法,绑扎采用一点绑扎,对等截面柱而言,在一点绑扎起吊时,当吊点至柱顶距离为0.293L(L为柱长度)时,柱身的最大正弯矩等于最大负弯矩,即此时柱的起吊弯矩最小,如图8.14(a)所示。最后,用卡环两边固定套索,吊索、吊钩分别在柱两侧,如图8.14中截面1—1所示。吊装时,需将直柱翻身再绑扎起吊。起吊后,保持直柱呈直立状态,塔吊吊钩高过柱顶,安装时直柱与柱脚顶面垂直,如图 8.15 所示。

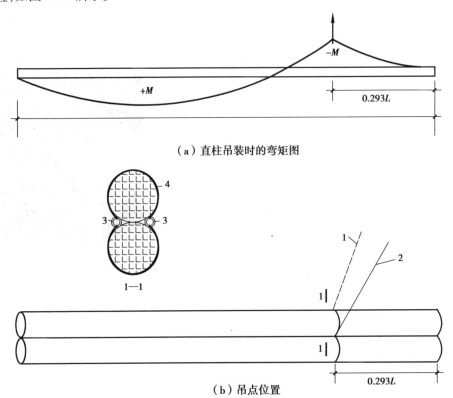

（a）直柱吊装时的弯矩图

（b）吊点位置

图 8.14　垂直吊法一点绑扎示意图
1—第一支吊索;2—第二支吊索;3—卡环;4—套索

直柱的对位:直柱插入预埋钢片后应悬离柱脚顶面一定距离进行对位。对位时辅以人工拨动调整柱脚,使直柱慢慢插入预埋钢片至底。

直柱的调直:调直主要是垂直度的矫正,用两台经纬仪进行直柱垂直度检查,其要求及措施符合表 8.4 的规定。

表 8.4　直柱垂直度允许偏差及措施

序号	柱高 H(m)	允许偏差(mm)	使用仪器	纠正措施
1	≤5	5	经纬仪	人工拨动调直
2	>5	10	经纬仪	人工拉动钓绳调直
3	>10	20	经纬仪	塔吊配合缆绳调直

调直完成后进行临时加固,确认直柱无晃动、位移后,用 10 mm 钻头按照标注弹线进行二次对穿开孔。然后用螺杆将原竹与预埋钢片孔洞对穿连接,开孔精度需在误差允许范围内,钻头应从预埋钢片孔洞中心穿过且不破坏洞口及钢片。检查无误后进行固定,直柱吊装效果如图 8.16 所示。

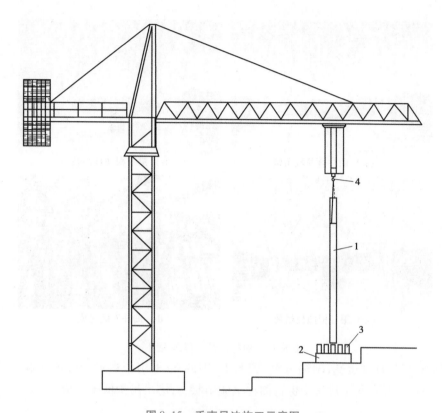

图 8.15　垂直吊法施工示意图

1—直柱;2—柱脚;3—预埋钢片;4—吊钩

图 8.16　直柱吊装

2) 曲柱的吊装及拼接

曲柱的吊装在直柱吊装固定后立刻进行同横轴截面曲柱吊装,由中间向两端对称吊装。若曲柱端头需要合龙,则需先进行两段曲柱同时吊装并合龙固定,如图 8.17(a) 所示。吊装第一根曲柱时,临时固定应用缆绳绑扎调整标高,完成后即可进行对称面第二根曲柱吊装,依次循环,如图 8.17(b)、(c) 所示。当曲柱端头需要合龙时,应在端头预埋连接铁件,再进行合龙固定,曲柱完成实体如图 8.17(d) 所示。因曲柱本身具有一定弧度,直接起吊较困难,故采用斜吊绑扎法。用两根吊索高低绑扎,主钩吊索(图 8.18 中的

（a）曲柱合龙段吊装　　　　　　（b）第一根曲柱吊装

（c）第二根曲柱吊装　　　　　　（d）曲柱安装完成

图 8.17　曲柱吊装过程示意图

5）采用短索置于柱顶近端,副钩吊索（图 8.18 中的 6）采用长索置于柱顶远端。吊装时不需翻身直接起吊,起吊过程中保持曲柱呈倾斜状态,塔吊吊钩低于柱顶。

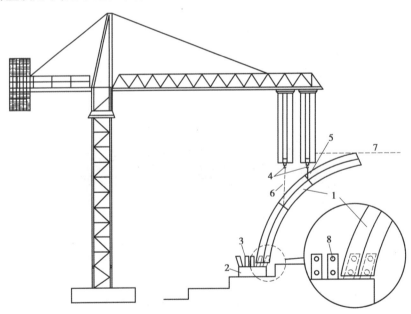

图 8.18　斜吊法施工示意图

1—曲柱;2—柱脚;3—预埋钢片;4—吊钩;

5—主钩吊索;6—副钩吊索;7—柱顶水平线;8—钢片预留孔

曲柱的对位:曲柱在接近预埋钢片时,因预埋钢片有一定倾斜度,需在空中通过提升或降低主钩、副钩高度对曲柱倾斜角度进行调整,完成后进行曲柱对位。

柱对位后进行临时固定,确认直柱无晃动、位移后,塔吊方可脱钩。用 10 mm 钻头根据标注弹线进行二次对穿开孔。钻头应从预埋钢片中心预留孔洞穿过且不破坏洞口及钢片边缘。检查无误后,用对穿螺杆进行固定。

3)柱间支撑安装

跨径较大、长度较长的直柱与曲柱之间,需设置柱间支撑以保证其结构稳定性。

①柱间支撑首先选择与直柱和曲柱同直径的 4 根原竹,用类似正八边形 16 mm 厚钢板连接件(图 8.19)进行 4 根原竹拼接;钢制连接件四角需制作成与原竹同弧度的弧形,并留有螺纹,螺纹长度内嵌 25 mm,将原竹拼接后临时固定;用 10 mm 钻头进行钻孔,完成后用 M10 螺杆进行穿接(图 8.20)。柱间支撑每隔 70 cm 需放置一个钢板连接件。

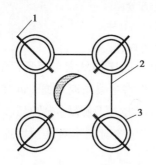

图 8.19　柱间支撑做法示意图
1—M10;2—连接件;3—原竹

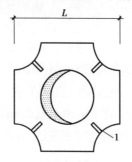

图 8.20　连接件大样图
1—螺纹;L—部件拼接厚度(放样确定)

②柱间支撑应进行端部处理,使其与直柱及曲柱完美咬合。完成后,通过预装连接件使柱间支撑与直柱、曲柱牢固连接,连接方式选用钻孔、对穿螺杆连接。最后按设计要求放样柱间支撑的位置,在柱间做好标记,预安装连接件,按由低到高的顺序进行柱间支撑安装。

4)主梁的吊装与端部合龙

①直柱、曲柱安装完成后,须根据图纸复核柱顶标高,使得标高正公差在 5 mm 内即为合格,再进行柱顶预装连接件。连接件应按照预拼装要求进行,保证精度在误差允许范围内。

②主梁的吊装:主梁的吊装顺序应同一横轴截面开始,同时起吊 1 号主梁、2 号主梁并调正,临时固定后,进行 1 号主梁与 2 号主梁的端部合龙。最后再利用预装连接铁件连接直柱、曲柱与主梁,如图 8.21 所示,主梁现场实体如图 8.22 所示。主梁的吊装采用二点绑扎起吊,绑扎点至梁边距离为 0.207L(L 为

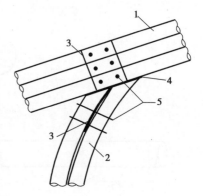

图 8.21　主梁与曲柱连接示意图
1—主梁;2—曲柱;3—2 mm 厚钢嵌板;
4—4 mm 厚钢端板;5—M10 螺杆

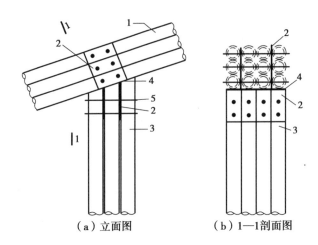

（a）立面图　　　　（b）1—1剖面图

图 8.22　主梁与直柱连接示意图

1—主梁；2—2 mm 厚钢嵌板；3—直柱；

4—4 mm 厚钢端板；5—M10 螺杆

梁长），主梁的起吊弯矩最小（图 8.23）。卡环在主梁顶面连接吊索与套索（图 8.23 中截面 1—1），吊索与主梁的夹角不宜大于 60°。起吊时，先将主梁吊离地面 1 m 左右，使主梁平稳后徐徐升钩，将主梁吊至安装面以上 50 cm 左右，再人工旋转主梁使其对准安装位置，开始落钩。落钩应缓慢进行，并在主梁刚接触安装位置时刹车对准预埋连接件，进行

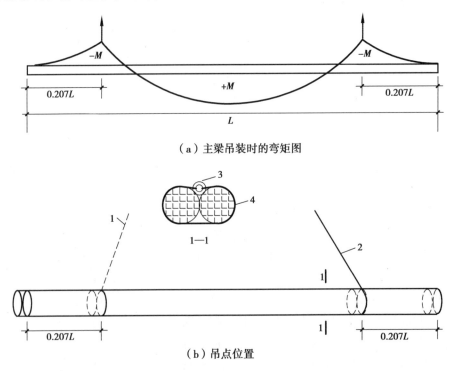

（a）主梁吊装时的弯矩图

（b）吊点位置

图 8.23　二点起吊法绑扎施工示意图

1—第一支吊索；2—第二支吊索；3—卡环；4—套索

临时固定。主梁的安装必须在作业工作的当天使同横轴截面及时形成稳定的空间体系。

③主梁端部合龙:1号主梁与2主梁固定后进行端部合龙,合龙用隐蔽式屋脊型定制连接件,如图8.24所示;整块嵌入主梁两端头进行连接,完成后用M10螺杆进行固定,如图8.25所示。

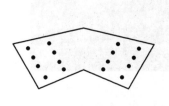

图8.24　定制连接件大样

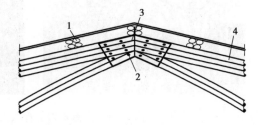

图8.25　主梁合龙大样

1—檩条;2—M10;3—屋脊型定制钢板;4—主梁

5)檩条的安装及固定

①连接件放样:按照图纸要求在主梁上放样出檩条的位置,该步骤应在所有主梁吊装调校完毕后进行。金属连接件的位置按照放样结果在主梁上做好标注,同列的金属连接件位置应在同条直线上,且与主梁保持垂直。

连接件制作按照如图8.26所示进行焊接,两头嵌板分别嵌入檩条与主梁内,嵌入段L由檩条层数放样确定。

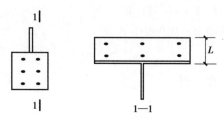

图8.26　连接件大样

L—放样确定

②连接件的安放:应遵照主梁上的标注位置进行,安装完成后进行横纵间距用钢尺和拉线检查,保证其误差不大于±5 mm,完成后固定在主梁上。

③檩条的安装穿插于相邻横轴截面主梁施工完成后进行。屋面檩条安装时应逐个开始,不应将所有檩条吊装至屋面同时进行,且在相邻横轴截面完成后立刻进行檩条的安装,使其在纵轴上形成完整体系。因主梁端部承受荷载能力较小,安装顺序应由中间向两边对称进行。安装第一根檩条后将其临时固定在主梁上,再进行横截面第二根檩条安装,应注意两根檩条摆向平行一致,整齐美观(图8.27、图8.28)。纵轴檩条(第三根、第四根)安装接长时,应注意与第一根、第二根檩条的纵轴线形(图8.29),依次循环完成主檩条安装。

④同横轴截面檩条临时固定调校完成后，即可进行固定。

图8.27　檩条安装

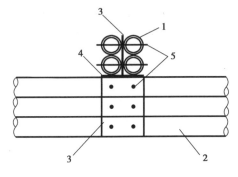

图8.28　檩条与主梁连接示意图

1—檩条;2—主梁;3—2 mm 厚钢嵌板;

4—4 mm 厚钢端板;5—M10 螺杆

图8.29　檩条安装完成

8.2　原竹结构监测

8.2.1　一般规定

原竹结构监测应分为施工期间监测和使用期间监测。原竹结构需要监测时，设计阶段应提出监测要求。结构监测时应明确其目的和功能，未经监测实施单位许可不得改变测点或损坏传感器、电缆、采集仪等监测设备。

8.2.2　监测系统的建立

应根据监测项目及现场情况对结构的整体或局部建立监测系统。监测系统宜具有完整的传感、调理、采集、传输、存储、数据处理及控制、预警及状态评估功能。监测期间，监测结果应与结构分析结果进行适时对比。当监测数据异常时，应及时对监测对象与监测系统进行核查;当监测值超过预警值时，应立即报警。

测点应符合下列规定:

①应反映监测对象的实际状态及变化趋势,且宜布置在监测参数值的最大位置;

②测点的位置、数量宜根据结构类型、设计要求、施工过程、监测项目及结构分析结果确定;

③测点的数量和布置范围应有冗余量,重要部位应增加测点;

④可利用结构的对称性,减少测点布置数量;

⑤宜便于监测设备的安装、测读、维护和替代;

⑥不应妨碍监测对象的施工和正常使用;

⑦在符合上述要求的基础上,宜缩短信号的传输距离。

8.2.3　施工期间监测

施工期间监测,宜重点监测下列构件和节点:

①应力变化显著或应力水平较高的构件;

②变形显著的构件或节点;

③承受较大施工荷载的构件或节点;

④控制几何位形的关键节点;

⑤能反映结构内力及变形关键特征的其他重要受力构件或节点。

施工期间监测前,应对结构与构件进行结构分析。结构分析应符合下列规定:

①内力验算宜按荷载效应的基本组合计算,变形验算应按荷载效应的标准组合计算;

②应考虑恒荷载、活荷载等重力荷载,可根据工程实际需要计入地基沉降、风荷载;

③应以实际施工方案为准,施工过程中方案有调整的,施工全过程结构分析应相应更新;

④计算参数假定与施工早期监测数据差别较大时,应及时调整计算参数、校正计算结果,并应用于下一阶段的施工期间监测中;

⑤宜采用实测的构件和材料的参数及荷载参数;

⑥结构分析模型应与设计结构模型进行核对;

⑦应结合施工方案,采用实际的施工工序,并应考虑可能出现风险的中间工况;

⑧应充分考虑施工临时支护、支撑对结构的影响。

施工期间的监测频次应符合下列规定:

①每一个阶段施工过程应至少进行一次施工期间监测;

②由监测数据指导设计与施工的工程应根据结构应力或变形速率实时调整监测频次;

③复杂工程的监测频次,应根据工程结构形式、变形特征、监测精度和工程地质条件等因素综合确定。

8.2.4 使用期间监测

使用期间监测应为结构在使用期间的安全使用性、结构设计验证、结构模型校验与修正、结构损伤识别、结构养护与维修等提供技术支持。

使用期间的监测预警应根据结构性能,并结合长期数据积累提出与结构安全性、适用性和耐久性相应的限值要求和不同的预警值,预警值应满足国家现行相关结构设计标准的要求。

8.2.5 变形和裂缝监测要求

原竹结构应监测结构的变形和位移。变形监测的频次应符合下列规定:

①当监测项目包括水平位移与垂直位移时,两者监测频次宜一致;

②结构监测可从基础垫层或基础底板完成后开始;

③首次监测应连续进行两次独立量测,并应取其中数作为变形量测的初始值;

④当施工过程遇暂时停工,停工时及复工时应各量测一次,停工期间可根据具体情况进行监测;

⑤监测过程中,监测数据达到预警值或发生异常变形时应增加监测次数。

裂缝监测宜采用量测、观测、检测与监测方法独立或相互结合的方式进行。

8.2.6 示例

某工程直柱、曲柱、主梁、檩条安装完成后应设置变形监测点,并在施工期间每 15 天进行一次观测并记录。试用期间每 3 个月进行观测一次并记录形成纸质数据。观测点应设置在节点连接处(图 8.30 中①-1、①-2、②-1、②-2、②-3、②-4、③-1、③-2、③-3、③-4等),呈前后、左右对称布置。直柱、曲柱的观测点应设置柱间支撑汇集连接处(记为①-1①-2),主梁观测点应设置在梁两端(记为②-1②-2②-3②-4),主檩条端与悬挑檩条悬挑端应对称布置多个观测点(记为③-1③-2③-3③-4)。通过对接杆件预留内螺纹孔与对拉 M10 螺杆外螺纹连接,实现对接杆件与

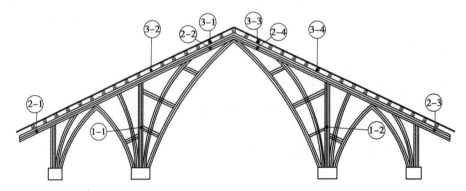

图 8.30 观测点整体布置

部件对拉 M10 螺杆的连接固定。对接杆件两头均预留内螺纹孔,角度调节盘(图 8.31 中的 4)内布置对拉杆件安装孔,位于调节盘中部。四周预留安装孔主要用于棱镜安装悬臂(图 8.31 中的 7)的固定,悬臂的方向垂直于对接杆件方向,可实现 12 个方向调节,基本保障变形观测角度的需要[图 8.31(b)],其变形允许值应符合表 8.5 的规定。

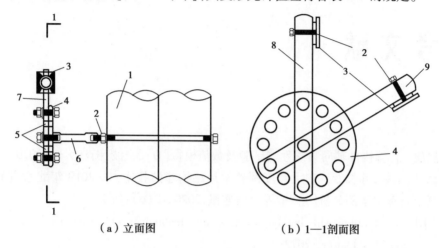

（a）立面图　　　　　　　（b）1—1 剖面图

图 8.31　变形监测装置大样

1—原竹;2—M10 螺杆;3—棱镜;4—角度调节盘;5—螺孔;

6—对接杆件;7—棱镜安装悬臂;8—位置 1;9—位置 2

表 8.5　原竹结构变形允许值

序号	部位	点号	水平位移(原竹高 H)(mm)			高差(原竹高 H)(mm)		
			$H \leqslant 5$ m	5 m < $H \leqslant$ 10 m	$H >$ 10 m	$H \leqslant 5$ m	5 m < $H \leqslant$ 10 m	$H >$ 10 m
1	直柱、曲柱	1—1、1—2	±2	±8	±10	±2	±5	±8
2	主梁	2—1、2—3 2—3、2—4	±2	±5	±8	±2	±3	±5
3	檩条	3—2、3—4	±2	±2	±5	±2	±2	±5
4	悬挑檩条	3—1、3—3	±3	±8	±13	±2	±5	±8

参考文献

[1] 杨晨晨. 竹管构件轴向力学性能试验及数值模拟[D]. 宁波:浙江大学,2020.

[2] 苏娜,费本华,邵长专,等. 大跨度圆竹拱形结构建造技术——2019 年北京世界园艺博览会竹藤馆案例分析[J]. 世界竹藤通讯,2020,18(6):14-20.

[3] MINKE G. Building with bamboo:design and technology of a sustainable architecture [M]. Basel:Birkhäuser, 2012.

[4] JANSSEN J J A. Designing and building with bamboo[M]. Netherlands:International Network for Bamboo and Rattan, 2000.

[5] 谭刚毅,杨柳. 竹材的建构[M]. 南京:东南大学出版社,2014.

[6] 爱德华·布鲁托. 竹材建筑与设计集成[M]. 张振东,译. 南京:江苏凤凰科学技术出版社,2014.

[7] ARCE-VILLALOBOS O A. Fundamentals of the design of bamboo structures[D]. Eindhoven:Eindhoven University of Technology, 1993.

[8] 中国工程建设协会. 圆竹结构建筑技术规程(CECS 434:2016)[S]. 北京:中国计划出版社,2016.

[9] 张楠, 柏文峰. 原竹建筑节点构造分析及改进[J]. 科学技术与工程, 2008, 8(18):5318-5322.

[10] 黄熊. 屋顶竹结构[M]. 北京:中国建筑工业出版社, 1959.

[11] INBAR. Bamboo-Structural design:ISO 22156—2004[S]. Geneva:International Standardization for Organization, 2004.

[12] 中华人民共和国住房和城乡建设部. 木结构设计标准:GB 50005—2017[S]. 北京:中国建筑工业出版社,2018.

[13] 上海市工程建设规范. 轻型木结构建筑技术规程:DG/T J08-2059—2009[S]. 上海:上海市建筑建材市场管理总站,2009.

[14] 中华人民共和国住房和城乡建设部. 建筑抗震设计规范:GB 50011—2010[S]. 北京:中国建筑工业出版社,2016.

[15] 中华人民共和国住房和城乡建设部. 建筑结构荷载规范:GB 50009—2012[S]. 北

京:中国建筑工业出版社,2012.

[16] 中华人民共和国住房和城乡建设部. 轻型木桁架技术规范:JGJ/T 265—2012[S].北京:中国建筑工业出版社,2012.

[17] 中华人民共和国住房和城乡建设部. 工程结构可靠性设计统一标准:GB 50153—2008[S].北京:中国建筑工业出版社,2009.

[18] 中国国家标准化管理委员会.磷石膏:GB/T 23456—2018[S].北京:中国标准出版社,2018.

[19] 中国国家标准化管理委员会. 建筑石膏:GB/T 9776—2008[S]. 北京:中国标准出版社,2008.

[20] 中华人民共和国住房和城乡建设部. 纤维石膏空心大板复合墙体结构技术规程:JGJ 217—2010[S].北京:中国建筑工业出版社,2010.

[21] 中国国家标准化管理委员会. 建筑材料放射性核素限量:GB 6566—2010[S]. 北京:中国标准出版社,2010.